晏阳初农村丛书

熊志兵主编

男孩为什么失败

——基于河北乡村中学的调查研究

王宏方　编著

U0239169

中国农业出版社

图书在版编目（CIP）数据

男孩为什么失败：基于河北乡村中学的调查研究 /
王宏方编著 . —北京：中国农业出版社，2011.4
　（晏阳初农村丛书）
　ISBN 978-7-109-15448-3

　Ⅰ.①男… Ⅱ.①王… Ⅲ.①男性-学生-教育心理
学-研究 Ⅳ.①G444

中国版本图书馆 CIP 数据核字（2011）第 021904 号

中国农业出版社出版
（北京市朝阳区农展馆北路 2 号）
（邮政编码 100125）
责任编辑　姚　红

北京中兴印刷有限公司印刷　新华书店北京发行所发行
2011 年 5 月第 1 版　2011 年 5 月北京第 1 次印刷

开本：720mm×960mm　1/16　印张：10.5
字数：200 千字　印数：1～2 500 册
定价：35.00 元
（凡本版图书出现印刷、装订错误，请向出版社发行部调换）

晏阳初农村丛书总序

晏阳初（1890—1990年）是著名教育家、社会学家。1943年在美国被评为"世界上贡献最大、影响最广的十大名人"之一。与爱因斯坦、杜威等并列。晏阳初是获此殊荣的惟一亚洲人。他一生贡献于农村教育等领域，而在河北定县的平民教育活动是其一生中浓墨重彩的一笔。

1918年初夏，晏阳初从美国耶鲁大学毕业仅两天，即赴第一次世界大战的法国战场。战争中，中方为法方提供了大批劳工，晏阳初参加基督教青年会主持的为华工服务的工作，在华工营试办识字班，以石板、石笔教劳工生活中常用汉字。4个月的教学，使一些工友能读报，会记账，写自己的姓名和简单的家信。

1920年夏，晏阳初回到祖国，策划平民识字运动，以"除文盲，做新民"为宗旨，于1923年成立了著名的中华平民教育促进总会（即"平教会"），到20年代中期，全国大部分省市都成立了中华平民教育促进分会，华北、华中、华东、华南的大都市先后掀起了轰轰烈烈的扫除文盲的识字运动，成为20年代中国教育史上的一个壮举。

1926年，平教会选定河北定县为实验区，开启蔚为壮观的乡村建设运动的先河。在普及教育的过程中，逐渐形成乡村建设的整体思路。晏阳初将中国农村的问题归为"愚、穷、弱、私"四端，主张以文艺、生计、卫生、公民"四大教育"分别医治。以文艺教育救"愚"；以生计教育治"穷"；以卫生教育救"弱"；以公民教育救"私"。晏阳初认为平民教育的基础是识字教育，中心是公民教育，以养成人民的公共心与合作精神。

1929 年，平教会从北平搬迁到河北定县。他号召知识分子"走出象牙塔，跨进泥巴墙"，将自己的爱国情怀、报国之志转化为用自己所学的科学知识投身于改造农村社会、解除农民疾苦的实际行动。在他的带领与影响下，数以百计的知识分子、海外归来博士、硕士，放弃了都市优越的工作条件与舒适的生活环境，举家前往偏僻艰苦的定县。这一"洋博士下乡"的举动，超越了中国近代知识分子的许多传统观念。

由于日本侵华战争爆发，1936 年晏阳初领导的平教会撤离定县，定县实验被迫中止。1940 年，晏阳初于重庆巴县歇马场创办了中国教育史上第一所为乡村改造培养专门人才的高等学校——中国乡村建设院，继续开展平民教育与乡村建设的实验。

1950 年以后，晏阳初将自己的事业转移到第三世界的一些国家，以定县实验的基本经验与中国平教与乡建的理论为基础，在泰国、菲律宾、印度、加纳、古巴、哥伦比亚、危地马拉等国，继续为平民教育与乡村改造奔走，指导推行田间实验与社区教育。将初期的"除文盲，做新民"的口号扩展为"除天下文盲，做世界新民"。

1985 年 8 月，在阔别祖国 35 年之后，晏阳初应邀回国访问考察，邓颖超、万里、周谷城等接见了他，并对其一生从事中国与世界的平民教育与乡村改造事业给予了积极评价。

1989 年美国总统布什在给晏阳初的生日贺词中说："通过寻求给予那些处于困境中的人以帮助，而不是施舍，您重申了人的尊严与价值。""您使无数的人认识到：任何一个儿童绝不只是有一张吃饭的嘴，而是具备无限潜力的、有两只劳动的手的、有价值的人。"

1990 年 1 月，晏阳初走完了整整一百年的人生历程，在美国纽约逝世，终年 100 岁。

晏阳初说：人民要有"免于愚昧无知的自由！""我们都希望有一个更好的世界，但其确切含义是什么？世界上最基本的要素是什么？是黄金还是钢铁？都不是，最基本的要素是人民！在谈及一个更好的世界时，我们的确切含义是需要素质更好的人民。"

河北师范大学致力于为基础教育培养人才，与先生志同道合，故整合涉农资源，发扬晏阳初"洋博士下农村"精神，为新农村建设及学校发展服务，于2009年6月3日成立晏阳初学院。以整合学校涉农研究，组织涉农课题攻关，强化学校与农村教育的密切联系，推广学校涉农产品。

自2006年3月以来，学校实施了以顶岗实习支教为主要内容的"3.5＋0.5"人才培养新模式。组织师范类高年级学生在学完骨干课程，经过系统培训达到中学教师的基本要求后，到农村教育基础薄弱的中学进行为期半年的"全职"教师岗位锻炼，并采取适当方式对农村中学被顶岗教师进行培训。2007年5月，学校成立了负责顶岗实习支教工作管理的专门常设机构——顶岗支教指导中心。除师范生实习支教以外，从2007年7月起，学校选派50名专家、教授到50所基础薄弱的农村中学开展为期4年的定点教育帮扶工作，帮扶面覆盖到省内23个县市。截至2010年6月，共有10期10 099名学生到全省11个地市、72个县市、近2 000所次农村中学参加顶岗实习支教。近5万名基层中学校长、被顶岗教师接受学校组织的多种形式的培训，其中，有1 500余名中学管理干部、被顶岗教师到河北师大接受置换培训。收到了提高师范生培养质量，促进城乡教育均衡发展的良好效果。得到了中央领导同志、教育部、省教育厅的充分肯定，取得了良好的社会反响。2009年，中共中央政治局委员、国务委员刘延东同志对河北师范大学顶岗实习支教工作两次作出批示，认为河北师大以服务贫困地区基础教育为宗旨，办出了特色，走出了一条新路。要鼓励师范院校为基础教育培养高素质教师。

河北师大在教师培养上的一些做法值得推介。在视察河北师大时再次充分肯定了顶岗实习支教工作，鼓励河北师大继续推进教师教育创新。《中国教育报》称赞顶岗实习支教工程"解农村难题，长学生本领"，是一项"利国、利校、利生"的创新工程。基层教育局赞誉顶岗实习支教工程是"农村基础教育的'及时雨'、教育均衡发展的'助推器'"。

2009 年，河北师大把教育部"硕师计划"、河北省"特岗计划"与顶岗实习支教工作有机结合，推出了"顶岗实习支教＋特岗计划＋农村教育硕士"优质教师培养计划（简称"优师计划"）：即从顶岗实习支教成绩优秀的学生中选拔、推免农村教育硕士，经批准免试参加"特岗计划"，特岗工作期间接受专业硕士课程教育，"特岗计划"结束后到河北师大脱产学习一年，完成教育硕士培养的其他任务。目前首批"优师计划"学生即将奔赴特岗工作岗位。经过持续努力，此举必然使河北省农村中学教师队伍整体素质持续提高。此外，河北师大还在农村土地整理、村镇规划、小麦育种等诸多方面为新农村建设作出了贡献。

总之，河北师范大学将一如既往地凸显教师教育办学特色，坚定不移地为服务农村教育、促进教育均衡发展出力。

前　言

　　男孩正在逐渐成为学校中的一个弱势的群体。

　　男孩比女孩更脆弱。据北京市儿童医院统计，6～11岁儿童心理疾病发生率，男孩是女孩的两倍。

　　上海一所小学调查显示，该校各年级学生干部、三好学生、积极分子的男女生比例分别是：少先大队委员1∶8，中队委员1∶5，三好学生1∶5，各类积极分子1∶6。2008年北京市小升初试行优秀生推荐入学制度，在被推荐的优秀生中，女生比例明显高于男生，很多学校男女比例超过1∶2甚至更高。

　　山东莱阳市河洛中学的刘瑞成老师说，在其所带的班级中，在小学阶段任班干部的男生只有15%，各项活动中只有10%左右的男生表现良好。广州一所中学有一个由特殊学生组成的班级，送到这个班级里来的孩子都是被各班主任认为是"差生"的孩子，班上53名学生全是男生。

　　1991—2006年清华大学新生男女比例的变化轨迹是：1991年男女比例为422.37∶100，2006年为194.23∶100，在这所全国顶尖大学里，男生的绝对优势正在失去。赵霞、孙云晓等人对全国2006—2007、2007—2008年度国家奖学金获得者性别分布进行了统计，2006—2007年度50 000名获奖者中男女比例为1∶1.86，2007—2008年度49 983名获得者中男女比例为1∶1.88。

　　某知名国有企业人力资源经理说，近几年公司总是招不到优秀的男生，公司每年会给男生留一定的名额，但即使条件充分倾斜，胜出者仍是女生。

一对常州夫妇把自己15岁的独生子送到杭州"西点男孩"夏令营时对老师说:"(儿子)一米七的大个子,却没有责任心,不愿吃苦,担心他将来没出息,继承不了家族的企业。"而夏令营的主办者说:"现在具备阳刚、毅力、责任感和强健体魄素质的男孩不多,这最终促使我们创办这个学校。"

著名教育专家孙云晓说:"我们发现从幼儿园起,一直到大学,男孩学业成绩全线溃败。男孩还身陷体质危机、心理危机和社会危机,并且越来越严重。"男生学业落后乃至失败是全线性的,将对男孩个体及社会产生重要影响。学业落后容易使个体产生习得性无助并形成消极的自我概念,最终有可能形成失败型人格,最终影响个体将来的收入水平、职业选择、婚恋选择……

孙云晓在《拯救男孩》一书中以大量数据证明,中国男孩学业成绩正在全面败退。调查显示,我国高校中近2/3的国家奖学金获得者为女生,大学男生的学业成绩远远落后于女生;近10年来,全国高考状元中男生的比例已由66.2%下降至39.7%。根据对某市26所中学6 539名高中生的会考成绩统计分析,女生的优势学科是男生的两倍;进一步调查发现,男生的学业成绩早在初中和小学就掉队了。一些对部分地区的初中生和小学生的抽样调查显示,语文和数学无论是平均分还是及格率,女生均保持相对优势,女生的各科总成绩也显著优于男生。不仅是学习成绩,男生在学校的整体表现也落后于女生。据一项调查数据显示,在违反校规校纪总人数中男生占80%。事实上,只要我们稍加留意就会发现,在校内男生整体学业水平不如女生的现象是非常明显的。

《拯救男孩》中还提供了一系列数据表明,体质上,男孩的视力不良、超重、肥胖等身体问题的发生率持续走高;心理上,男孩更容易染上各种成瘾行为。自1985年我国开始进行全国性的青少年体质监测的20多年来,中国男孩比以前更高、更重了,但在肺活量、速度和力量指标上却连续下降。20 年间，7～22 岁城市男生肥胖率由 0.19% 上升至 11.39%，肺活量平均降低 308 毫升。男孩更易于染上成瘾行为，2008 年发布的数据显示，男性青少年网民上网成瘾比例为 13.29%，女性为 6.11%，男性比女性高 7.18 个百分点；在网瘾青少年中，男性占 68.64%，女性占 31.36%。

　　男孩在学校中落后也是一个国际性现象。1998 年哈佛大学心理学家威廉·波拉克在《真正的男孩》一书中说，当代男孩"胆小懦弱"、"缺乏自信"，取得的成就"远不及"当代女孩。1999 年，记者苏珊·法吕迪在著作《Stiffed》中认为，冷酷的全球经济使美国男人失去雄性。2000 年，美国企业研究所的哲学家克里斯蒂娜·霍夫·萨默斯批评女权主义正酝酿一场"针对男孩的战争"。2002 年，作家伊丽莎白·吉尔伯特称，"最后的美国男人"只生活在阿巴拉契亚山的帐篷里。这些书无奈地关注着令人失望的当代男孩，忧心忡忡地展望他们的未来，同时也勾起人们对往昔美好岁月的怀念。

　　美国的《商业周刊》曾这样断言："在美国各地，女生在学习方面似乎建立了一个罗马帝国，而男生则像古希腊一样日趋衰败。"于是美国政府开展了"拯救男孩"计划。该计划分析指出"男孩落后"的原因很多，除了包括没有父母关爱、缺少男性教师和脂肪含量过高（导致孩子过度活跃和注意力不集中）等原因之外，男孩落后的原因还在于女孩男孩不同的发育速度和身体、大脑结构的不同等。美国教育专家指出，教育者应该重点帮助男孩们减轻在班级中格格不入的感觉，重视男孩的感情世界，使男孩获得认可。有专家正在研究更符合不同性别孩子发育特点的学习新方法，如把学习的重点放在解决问题上，而不只是书面考试。

　　在美国，这个问题在城市学校最为明显。在芝加哥乔治·巴顿将军小学，在 2007 年国家阅读能力测试中，女孩超过男孩 55 分。男孩在小学被开除的几率是女孩的 4.5 倍，男孩有注意力不集中缺陷的是女孩的 4 倍。在几乎每一个国家，男孩在国家考试中数学分数总是低于女孩——这打破了传统上认为男孩在数学上优越的观念——而在阅读方面又大大落后于女孩。贝弗·麦克伦登清楚地记得，那一天，她发现她所在小学里的男孩的困难。珍珠河小学坐落在一个树木繁茂的山坡，与阿拉斯加大学为邻，有理想的位置，吸引了大学教授以及当地医生和律师们的子女。有一天，大约 150 位家长来到学校，坐在稍微高出的讲台对面的折叠椅上。讲台另一侧坐的是即将接受荣誉的六年级学生。当校长大声说出名字时，学生登上领奖台接受奖项。"你会看到一个、两个、三个、四个女孩登上领奖台，然后走下。然后另外三四个女孩子被叫上去。这里的小女孩都得到了奖项。"那天颁发了大约 20 个奖项，女孩们横扫学术奖项。片刻，只有 2 个男孩赢得了"进步最快奖"，1/3 的男孩得到了幽默和积极态度奖。

在美国，1980 年，男孩高中毕业生打算上大学的人数比女孩子多。然而到 2001 年，在这问题上女生以惊人的 11% 的速度超过了男生（最新的资料显示这个比例还在扩大）。2001 年，伊代纳区（明尼苏达州首府明尼阿波利斯市的一个富人区）的督学肯尼斯·德拉格塞斯就在出席高中学业奖励典礼时发现了一个奇怪的现象。那就是几乎所有的奖项，包括大学奖学金在内，都颁给了女生。德拉格赛斯被他新发现的这个现象惊呆了。就在几年以前，男生们还能够在这些奖项的争夺中与女生平分秋色。他当即下令就这一现象展开调查并在次年得出结论。结论如下：女生占中小学优秀学生名单的 65%，在班级排名中名列前茅的女生占 67%。而男生的情况则恰恰相反，有九成的男生有暂时停学的经历，而且，在这些男生中，七成以上都有过服用药物以抑制注意力缺失紊乱综合征和多动症的经历。伊代纳区所进行的调查未能找出问题的根源所在，但这一调查确实为问题的解决提供了线索。84% 的女生表示她们喜欢上学，而有相同表示的男生只有 64％。而且，每天做家庭作业的女生数量比男生要多得多。简而言之，德拉格赛斯经调查还发现，校方也更倾向于接受女学生。伊代纳区以及其他白种富人区发现，不只是处于贫困水平和就读于不良学校的非裔美国男生才存在学习上的问题，富有的白种男生同样有这样的问题。这一发现彻底颠覆了他们对于这一问题的传统认识。

2006 年一项在 26 个国家的 129 个学校里针对 11 500 个学生的调查显示：

55％女生在考试中分数达到 A 或 B，相比而言男生中只有 41％得到这个分数。

49％女生经常按照分配努力工作以满足需要的标准。相比而言，男生中只有 35％能达到这个要求。

68％的女生在学校里尽最大的努力，而男生仅有 50％。

29％的女生经常复习散文或者其他的作业以提高阅读写作质量，而男生仅有 16％。

68％的女生知道计划的期限，而男生有 55％。

48％的女生在接受其他帮助后会更努力，而男生仅有 34％。

2009 年 4 月，加利福尼亚州的专家们得出结论，该州到 2025 年将会面临一百万高校毕业生的缺失。到那时，至少有 41％的岗位需要有高校学位，而只有 35％的在职工人拥有四年制学位。美国劳工部预测 21 世纪 80％需求增长最快的岗位需要高校学习经验。然而，每 100 个高中生中，只有 68 个按时毕业，只有 40 个能直接进入大学。而且只有 27 人能够升入二年级。最后一点是，在这 100 人中，只有 18 人能够在六年内完成学业。假如将这些数据按性别分类，男生则占以上数据中的少数。男生和女生一样需要这些学历，可是女生对当前经济形势之于教育的要求做出了更为合理的反应。这就使得那些数以千计的本应才华横溢的男生们，因不能在新经济形势下找到入门级的工作而被拦在起跑线外。总之，让男生在高中毕业后接受更多的培训是一项迫在眉睫的任务。在从 2008 年开始的全球经济衰退中，80% 以上的失业者为男性。2009 年春，经济衰退加剧和裁员的持续，女性成为劳动人口中的生力军。

格里尼·麦吉是一位教育专家。在他曾担任伊利诺伊州的学校主管的时候，他在自己的两个儿子身上发现了性别差距这个问题。"在五六年级的时候，他们的阅读兴趣变淡了。在写作和写日记方面也如此。他们的学校曾有不错的教学体系，他们也非常喜欢那个学校，但是他们对于阅读和写作的兴趣和欲望却不见了。"2002 年，麦吉接任了 8 所学校的主管职务，他成立了一个性别研究小组。小组的联合主席有两人，其中一位毕业于麻省理工学院数学系，是两个男孩的父亲。另一位是戴安娜·费舍（Diane Fisher），她拥有临床心理学博士学位，也有两个儿子。研究小组的工作包括一项对 270 名教师的调查，具体询问他们是否有理由怀疑在这个学区里存在性别失衡；在男生和女生中，是不是有一方得到的成绩更高？2006 年 6 月，研究小组发表了长达 107 页的报告。报告中披露了惊人的性别差距。从五到八年级，在主要课程上，女孩要比男孩的分数高，包括数学。甚至更加惊人的发现是，男孩和女孩之间的表现差距在他们的三年学习期间不断扩大。报告的结果还包括以下方面：30% 到 35% 的女孩子们会得到 A；从五到八年级，在读、写、科学和数学方面，女孩子的分数要高于男孩；学区接受特殊教育的学生中 71% 是男生；接受学校违纪行为干预的绝大多数是男生。

父母们看到这个报告后显得大为震惊。心理学家费舍说："这些孩子们的父母大都很有成就，他们为孩子树立了很好的榜样。从孩子出生的那一刻，他们就为孩子提供了丰富的帮助。旅游、私人家教、教练，能做的都做了，但是这仍然改变不了神经生物发展的现实。如果在富人区都是这样，那么那些没有这些优势的男孩会是怎么样呢?"

在中国这样一个传统上重男轻女的国家,情况又是怎样的呢?我们提供这样一组数据:

1999 年,大学本科毕业生中女性占 39.7%,到 2004 年,这一比例增长到 43.89%,年均增长 0.8 个百分点。

2006 年 8 月 15 日《新京报》报道,北京市 2005 年初中毕业生升入高中,其中女生占 52%。

到 2006 年底,全国研究生培养机构共 769 个(高校为 454 个,其他 315 个),1999 年在读硕士研究生中女性占 36.5%,到 2004 年,这一比例增加到 44.15%,五年增加约 8 个百分点;1999 年在读博士研究生中女性占 24.6%,到 2004 年,这一比例增加到 31.71%,五年增加约 7 个百分点。

北京大学物理系本科招生,1999 年,28 名新生中女生 4 人,约占 14.3%,2005 年,53 名新生中女生 16 人,约占 30.2%,6 年间比例翻了一番。

今天,无论是在中小学校,还是在大学,我们看到的情况是,女孩更能把握自己,她们勤奋好学,细致认真。但是男孩在生活中却经常不思进取,粗心大意,得过且过,容易染上吸烟、饮酒、泡网吧等恶习。其实,男女儿童在行为上的这种差异,早在幼儿园阶段就能显示出来,女孩们常常规规矩矩地坐着,听着老师的指令唱歌跳舞做游戏,而男孩们可能只知道乱跑,或者钻到桌子或床底下去了,他们有意无意地跟老师作对,跟女孩作对,或者相互之间撕扯、打斗。多年来,我们的学校都已经习惯用同一套教学方法或纪律规则来对付所有的孩子,包括那些表现出令人吃惊的活力和状态的男孩,才逐渐造就出跟女孩相比越来越跟不上的男孩。

是什么原因导致了男女儿童、青少年性别平衡的力量发生了扭转?学校、家庭和社会在其中又发挥了怎样的作用?为了进一步了解男生相对于女生在各个方面的差异，从 2010 年 3 月开始，河北师范大学派驻在全省的顶岗实习组进行了全面的调查研究，在心理素质、行为问题、学习动机、学业表现以及失学辍学等几个方面，了解河北省农村与乡镇地区男生的状况。

目　　录

第一章　男孩的心理素质

1. 自信心

自信心是一个人对自身力量的认识、评价所形成的稳定的内心体验，是一种强大的内部动力，能激励人们积极行动，追求一定的目标，坚持不懈地去实现自认为可达到的成就。自信是人类进步的动力，它能促进人们克服前进道路上的重重困难，实现自己所要追求的目标。中学生正处于青春发育期，其个人价值观、世界观尚未完全形成。他们一方面面临生理上的剧烈变化，另一方面还承受着升学的压力，此时，一旦遇到挫折，如果处理不当就很容易产生自信心危机，从而影响他们的人格健康与全面发展。目前大多数中学生缺乏自信心，造成厌学、自卑、孤僻、不求上进等不良心理现象。

对于一个初中学生来讲，自信心就更为重要了，因为自信心的足与不足直接关系到学生的前途，在他们的人生道路上起着重要的作用。而河北师范大学派驻全省各地的实习小组对当地学校所做的调查显示，小城镇以及农村中学男生的自信心正在遭受前所未有的考验。

承德安匠中学实习组对本校 155 名男生的调查发现，很自信的有 36 名同学，占总人数的 23％。在日常表现中，很多同学感觉自己的能力不如别人；感觉自己觉得自豪的地方不多；与陌生人交谈自我感觉很紧张；上课害怕老师提问；面对失败常常认为是自己的能力不足造成的……造成这种现象的原因有很多，这所学校中农村留守儿童较多，随着外出务工的农民工数量增多，留守学生的数量也呈不断上升的趋势。因家庭教育的缺失，留守男孩普遍出现情感饥渴和道德水平滑坡的问题。而学校对这方面的措施不完善，从而使很多留守儿童产生自信心不足等现象。

霸州八中实习组男生自信心状况调查发现，大部分男生对自己的学习有自信心，58.8％男生对自己的学习有很大的自信心，觉得自己在学习方面还有很大的潜力去开发，即使考不上高中通过自己复读也可以成功进入高中；33.3％同学对自己不是很有信心，他们大都在努力学习却没有取得进步时感到很挫败，进而对自己失去部分信心；另外有 7.9％的男生对自己很不自信，他们大都是受家长和教师的影响，很多男生在解释原因的时候写到：老师没有表扬过自己，家长也没有很关心过自己的学习问题。

康保镇中学实习组对本校男生在学习和人际交往两个方面的自信心状况进行了调查。在参与调查的 100 名学生中，对自己学习比较有信心的占到 73%。这部分学生学习态度比较端正，对某些学科有很浓厚的学习兴趣，学习成绩也处于中上等水平。其余 27% 的男生对自己的学习不自信，而且这些学生中有 45% 对学习非常不自信，他们大多没有学习目标和动力，成绩较差。以上状况的原因主要可以归纳为两方面：①学习动机。有明确学习动机的男生对自己的学业很认真、负责，正因为有明确的学习动机：考理想高中，改变自己的命运，报答父母……他们学习很有动力，很有信心。反之，没有明确学习动机的学生，学习很盲目、很被动，自然就缺乏自信心。②学习兴趣。在 100 名被调查的对象中，73% 的男生对某些学科很感兴趣。对于自己感兴趣的学科，他们能够积极主动学习探索，他们当中有些学生在这些学科上表现突出。这在很大程度上有助于他们建立、增强对学习的自信心。

张北一中是一所省级示范高中。张北一中的实习小组对高中一年级男生的自信心进行了测试统计，结果如表 1-1 所示。

表 1-1　张北一中高一男生自信心调查

	N	均　值	标准差	均值的标准误
文科奥班	22	23.00	4.353	0.928
理科奥班	22	21.82	4.856	1.035
文科普通班	22	20.27	4.872	1.039
理科普通班	22	20.00	3.651	0.778

从表 1-1 的统计数据可以看出，文班的自信心普遍高于理班，奥班的自信心高于普班，但是班级整体的自信心波动都不是很大，都很稳定。文班的理论性的知识比较多，耐受挫折的能力比较强，理班的学生由于数学的逻辑思维性，耐受挫折的能力比较弱，奥班的学生老师比较重视，给予的鼓励和支持比普班的学生要多，因此奥班学生的自信心高于普班的学生。农村男生的自信心调查中，文班的男生要高于理班的，奥班的男生要高于普班的。班级整体没有显著差异，波动性不大。

张北县职教中心顶岗实习小组对本校男生所做的调查问卷，从外貌自信、学习自信、家庭自信、人际交往自信、生活自信、性别自信六个方面对男生自信心进行了测试，现根据具体关键题目分析如下。

表1－2　张北县职教中心男生外貌自信调查

项　目	是	否	不确定
对自己最近的照片很满意	28	11	21
作为男生，认为自己有吸引异性的优点和魅力	12	14	34
认为自己的外貌至少符合相貌堂堂的标准，可能还具有一些明星范儿	13	22	25

从表1－2中可以看出，受调查男生对自己的外貌持比较自信态度，没有妄自菲薄，也没有较明显的自恋倾向，基本认为自己的外貌处于中等标准，但对于吸引异性的能力方面持谨慎保守态度。

表1－3　张北县职教中心男生学习自信调查

项　目	是	否	不确定
大方地让同学看自己的考卷分数	36	13	11
每到考试都镇定自若	36	11	13
常独立制订学习计划并尽力完成	16	26	18
经常与同学打电话讨论题目答案	2	46	12
觉得在学习上比不过女生	9	38	13

从表1－3中可以看出，受调查男生60％对于考试、考试成绩持自信乐观态度（从实际访谈中得知，受调查男生的学习成绩基本处于班级中下等甚至倒数水平）。可见男生虽然成绩不甚理想，但仍有一定自信，尤其是在和女生的比较方面，多数男生认为学习上要比女生好或潜力更大。多数没有对考试产生畏惧心理。同时表明大多数男生缺乏良好的学习习惯，制定学习计划、讨论问题等学习习惯和学习技术基本没有掌握和应用。

表1－4　张北县职教中心男生家庭自信调查

项　目	是	否	不确定
认为父母为自己的成长已经创造了良好的环境	33	14	13
如果你的家庭经济状况不好，不会感到过度自卑	36	18	6
认为可以通过自己的努力改变自己和家庭的命运	45	1	14
工作后，希望尽快能够用自己赚的钱成家立业，不过分依赖父母	53	2	5

从表1-4中可以看出，超过半数的男生对自己的家庭条件感到满意，即使家庭条件较差的也没有自怨自艾，75％的男生抱定可以通过自己的努力改变自己和家庭命运的信心，同时大多数希望自己能够早点就业赚钱，不过分依赖父母。从调查结果看，并未出现啃老的心理倾向。但文化基础水平较低的初中级技术工人的就业能力应该引起注意。

表1-5 张北县职教中心男生人际交往自信调查

项　目	是	否	不确定
觉得自己受同学欢迎	11	7	42
认为在众人前说话很困难	11	37	12
在陌生场合，可以保持镇定，从容处理一些基本情况	36	3	21
认为在一个集体中，自己能很快显示出领导才能	10	20	30
独自在家常感到寂寞无聊	29	26	5
愿意打一份大声叫卖的工作	8	43	9
在公共场合敢于发表独立见解	18	26	16
从不主动向别人，特别是向其他男生认输	46	9	5

从表1-5中可以看出，受调查的男生虽然对在公共场合说话、处理情况持积极态度，但对于涉及表达自己意见、展现自身能力等与个人的能力与发展水平相关的方面自信度较差，尤其是对于"愿意打一份大声叫卖的工作"这样的对人际交往自信度要求较高的问题，大多数学生持不认同态度。

表1-6 张北县职教中心男生生活自信调查

项　目	是	否	不确定
你的生活用品都由家长保管，穿衣、吃饭都由家长安排	5	45	10
遇到困难首先想到自己努力解决	51	2	7
宁可希望通过打工拥有一小笔可以自己支配的钱	51	2	7
会将住校两周的脏衣服带回家洗	14	43	3

从表1-6中可以看出，大多数男生的生活自信很强，没有过分依赖父母的倾向，尤其是在经济独立方面有很强的自信。

表1-7 张北县职教中心男生性别自信调查

项 目	是	否	不确定
如果再生仍然愿意做男孩	44	6	10
认为男生的独立性强于女生	41	5	14
觉得在今后择业上男生占优势	29	12	19
觉得男生当班长比女生更合适	32	14	14
与别人合作希望男生越多越好	22	22	16

从表1-7中可以看出，男生在涉及性别的各个方面都具有很高的自信心，表现出了明显的男生性别自信，同时对于和男生合作方面存在"互相竞争、同性相斥"的倾向。

从六个方面综合分析，受调查男生有比较强的自信心，在涉及社会能力方面的自信心较强，而涉及学习能力方面的自信心较弱，比较符合之前摸底的受调查者的基本情况。

从总体上看，农村的男生都有很强的自信心。一方面是由于农村重男轻女的现象和思想依然存在，这些男同学在家里往往处于优越地位，因此他们的自信心远远超过女生。另一方面，农村家庭中的男孩子也要承担更大的家庭责任，他们对自身的期望值要高于女生。

不同层次的男生的自信心也不一样。往往学习成绩好、学习能力强的男生更能反映出强烈的自信心，成绩平平的男孩子心理承受能力弱，甚至有些自卑的倾向，而成绩特别差的男生会把注意力转移到学习以外的其他方面，在其他方面表现出极强的自信心，以弥补自己学习成绩的不足。

产生自信心，是指不断地超越自己，产生一种来源于内心深处的最强大力量的过程。这种强大的力量一旦产生，你就会有一种很明显的毫无畏惧的感觉、一种"战无不胜"的感觉。产生自信心后，无论你面前的困难多大、面对的竞争多强，你都会感到轻松平静。

张北镇中实习小组也注意到，八年级的男生给人们的感觉是不缺乏自信，但是这种自信被深深埋在了心底，没有被挖掘出来。首先，学校没有刻意培养学生的自信，这往往使学生很难对自己的实力做出准确的认识和判断。在调查中有意让差生独立完成几道难度不大的题，当做完之后，他们的感受是"原来我可以做到"。这样逐渐培养，学生内心的自信自然就慢慢显露出来了。其次，学生自我认识不足。谈话中让学生自己评价自己时，他们很难给自己一个准确的定位，当老师稍加引导，让他们找准自己的位置，学生那种热情以及自信就会马上表现出来。

总体来说，只要老师注意指引，学生的自信会很快被发掘出来，这对他们的学习、生活各方面都会产生重要影响。当然最重要的是对学习的帮助，有了自信就是成功的一半，希望实习小组的引导能给他们带来帮助。

临城县中学实习小组对 20 名农村男生的自信心状况进行调查后认为：现在农村学校中男生压力比较大。在农村，男人都是家中主要劳动力。在上学和劳动、家庭生活的压力下，男生心态呈亚健康状况。20%的学生对生活没什么方向，对未来抱有消极的态度，没有信心面对未来的生活，另外有 60%的学生认为现在不是想以后的时候，得过且过，混日子，剩下的 20%努力学习工作，认为未来一定很美好。这是学生对未来的看法。

一般认为男生在小学、初中阶段学习差点还不要紧，到了高中、大学会后来居上。但如今，他们在与女生的竞争中"没了脾气"，差距越拉越大。甚至举手投足都缺了阳刚气，为人处世有点"娘娘腔"……"现在的男孩怎么了？综合表现不算出色，还说话细声细气、动作扭扭捏捏。"面对这么不利于男孩的社会舆论，培养男孩子的自信心显得尤为重要。

滦平三中实习小组采用罗森伯格自信心量表对本校七、八年级的男女生进行了自信心状况测量，对测量结果进行了分析。两个年级共发放问卷 417 份，回收 405 份，其中有效问卷 394 份，结果如表 1-8。

表 1-8 滦平三中男女初中生自信心调查

性别	年级	平均数	人 数	标准差
女	七年级	28.581 4	43	4.721 95
	八年级	27.591 8	98	4.373 86
	小计	27.893 6	141	4.489 20
男	七年级	28.005 6	178	4.577 64
	八年级	27.360 0	75	4.808 89
	小计	27.814 2	253	4.647 18
总计	七年级	28.117 6	221	4.600 86
	八年级	27.491 3	173	4.555 37
	小计	27.842 6	394	4.585 70

将性别和年级作为自变量，得分作为因变量，进行方差分析后发现，年龄和性别间并无交互作用，且男生女生间得分差异不显著，七年级与八年级学生

得分间差异不显著。

表1-9 滦平三中男女初中生自信心方差分析

Source	Type Ⅲ Sum of Squares	df	Mean Square	F	Sig.
Corrected Model	51. 831ᵃ	3	17. 277	0. 820	0. 483
	237 371. 278	1	237 371. 278	1. 127E4	0. 000
nianji	51. 016	1	51. 016	2. 423	0. 120
xingbie	12. 445	1	12. 445	0. 591	0. 443
nianji * xingbie	2. 257	1	2. 257	0. 107	0. 744
Error	8 212. 413	390	21. 057		
Total	313 698. 000	394			
Corrected Total	8 264. 244	393			

a. R Squared = 0. 006 (Adjusted R Squared = −0. 001)

继续进行分析发现：七年级男女生得分差异不显著（Sig. ＝0.308，p＞0.05），八年级男女生得分差异不显著（Sig. ＝0.345，p＞0.05）；男生七、八年级差异不显著（Sig. ＝0.889，p＞0.05），女生七、八年级差异不显著（Sig. ＝0.159，p＞0.05）。将得分转化成自信水平，结果如表1-10。

表1-10 滦平三中男女学生自信水平

性别	年级	自卑者	自我感觉平常者	自信者	超级自信者
男	七年级	2	47	123	6
	八年级	1	23	45	6
	合计	3	70	168	12
女	七年级	0	15	27	1
	八年级	1	27	63	4
	合计	1	42	90	5
合计	七年级	2	62	150	7
	八年级	2	50	108	10

可以看到，七、八年级男女生，自信者最多，自我感觉平常者其次，超级自信者第三，自卑者最少。

将名次按梯度分组，观察自信水平与名次间的关系，如图1-1。

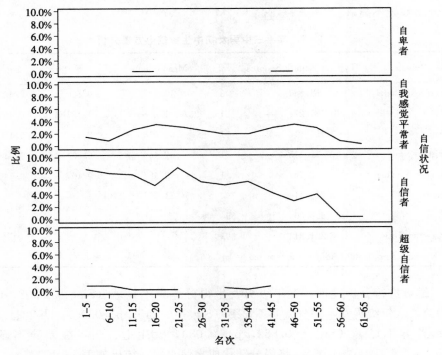

图 1-1　自信水平与名次间的关系

可以看到，随着学生成绩的降低，自信者所占的比例呈减少趋势。男生与女生，七年级与八年级学生，在这个趋向上无差异。

通过分析调查结果，研究小组发现：滦平三中学生自信状况良好，自信者所占比例高；且男女生自信水平无显著差异，并未出现女生自信状况显著优于男生的状况；七、八年级学生自信心状况也无较大差异，不论男生或女生，并未随着年龄的增长，自信状况出现较大改变。但实习小组发现，学习成绩的好坏会对学生的自信心产生影响，随着考试成绩的降低，自信者所占比例会呈减少趋势。结果表明，男生自信者占 66.4%，男生与女生在自信量表上的得分差异不显著，七年级与八年级男生在自信量表上的得分差异不显著，男生的学习水平对自信状况有影响。

但此时出现了一个问题，三中男生成绩普遍低于女生，但自信状况与女生并无显著差异，并且，男生内部也存在自信者比例随成绩的降低而减少的趋势。这时可以做一个假设，初中阶段，男生在自信心的形成过程中，一般选择男生而非女生进行比较，进而形成相对自信。那么，是否意味着，初中阶段的

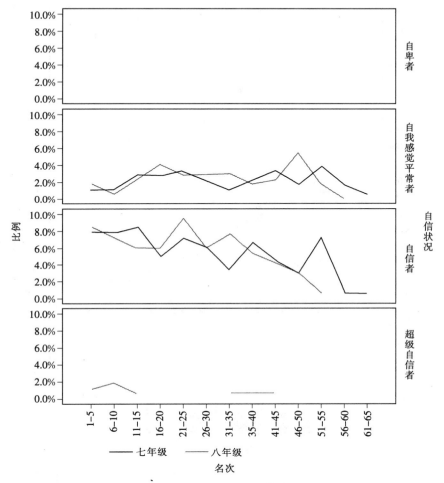

图1-2　不同年级自信水平与名次间的关系

男生，在自我概念的形成过程中，都会选择男生而非女生作为参照？这还需进一步的验证。

自信心是一个人对自身力量的认识、评价所形成的稳定的内心体验，是一种强大的内部动力，能激励人们积极行动，追求一定的目标，坚持不懈地去实现自认为可达到的成就。

美国教育家戴尔·卡耐基在调查了很多名人的经历后指出："一个人事业上成功的因素，其中学识和专业技术只占15%，而良好的心理素质要占

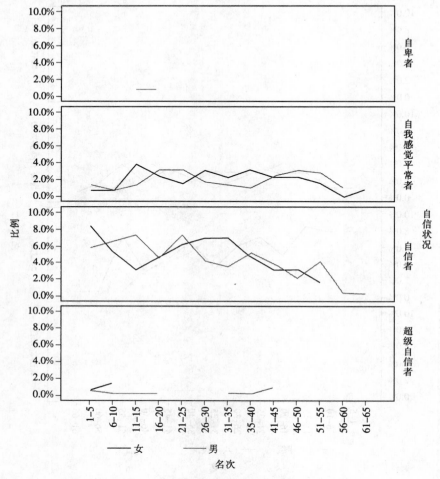

图 1-3　不同性别自信水平与名次间的关系

85％。"自信是成功的保证，是相信自己有力量克服困难，实现一定愿望的一种情感。有自信心的人能够正确地实事求是地估价自己的知识、能力，能虚心接受他人的正确意见，对自己所从事的事业充满信心。

学生自信心不足通常表现出以下现象：上课不敢或很少主动举手发言，回答问题紧张、不流利，不敢主动要求参加其他同学的小组或集体活动；不敢主动提出自己的意见、建议；不敢放心大胆地活动；不敢在他人面前展示自己的成果；不敢主动地与其他同学交往，常常畏缩、退避、独来独往或独自游戏，说话小声、胆怯，不愿甚至从不当领导；遇到困难常常害怕、退缩、易放弃，不愿努力尝试解决；惧怕新事物、新活动，在活动时总是选择那些比较容易的活动，而逃避那些可能有一定难度或挑战性的新活动。

南宫市高村中学是一所农村中学，虽然目前校园文化建设、基础设施建设还可以，也应用了多媒体教学，极大地满足了学生的好奇心和求知欲。但由于地域影响，学生尤其是男生普遍对自己信心不足，萎缩懦弱、成绩不理想的男生很多。男生在这所学校的比例不到30％，几乎每个班的优秀生、班干部都是女生包揽。实习小组以初一、初二、初三年级男学生为研究对象，对该校初中生自信心现状进行了调查。调查结果显示，具有较强自信的人数占被测总人数的1.7％，自信心较缺乏的学生只占41.1％，而有一定自信心但仍存在较大问题的人数占被测总数的47.2％。

宁晋三中实习组在本校高一、高二两个年级的男生中选取56人，采取问卷调查的形式进行调研，发放问卷56份，实收回问卷53份。在对部分男生自信心状况的调查中，大部分同学在与人交流时存在自信心不足的状况。为了了解男生的自信心不足具体表现在哪些方面，实习组就具体事例作出了问卷调查，得出结论：受调查的53名男生中只有5人表示对自己的成长有信心，仅为9％；有48人认为对自己的成长信心不足，为91％，其中自身条件和外在条件都有或多或少的影响。在自信心不足的48人中，有自卑心理的6人，占13％，不善交际的7人，占15％，对他人依赖的11人，占23％。而在导致自信心不足的外部原因中：认为是学校原因的22人，占46％，受成长经验影响的6人，占13％。可以看出：影响青少年男生自信心的外在因素中有较大部分来自学校，建议学校和老师能够关注这些问题，以促进学生健康成长。

在回答"什么情况下表现出自信"时，58％的人是在"与他人交流时"；而选择在"考试时"或"在大庭广众下讲话时"两个选项的均只有4％。学生自信心缺乏的因素有多方面的影响，最大的原因是老师、家长、学校三方的关注不足，造成学生给自己的压力太重，心里紧张，以至于缺乏自信心。家长的缺乏关心让学生感觉自己被遗忘；在学校老师不重视，由于基础太差，复习不够而导致考试时没有信心；学校的重压式管理下，学生羞于表现自己，在集体活动中萎萎缩缩。

衡水官亭中学实习小组的调查发现，现在初中生关心的最大问题是学习问题。男生自信心主要来源于学习成绩的好坏、体育等特长方面。

表 1 - 11　衡水官亭中学男生自信心来源

	外貌	学习成绩	唱歌	体育	人品	其他
人数（人）	2	36	2	42	40	3
比率（%）	1.6	28.8	1.6	33.6	32	2.4

由表 1 - 11 中可见，男生自信心的最主要来源是自己擅长的体育，其次来源于对自己人品的认知，再次就是对自己学习成绩的满意程度了。可见男生的自信心都来源于自己擅长的部分，来自于周围同学和教师对自己的关注点。男生对自己成绩不理想学科的自信心状况如图 1 - 4 所示。

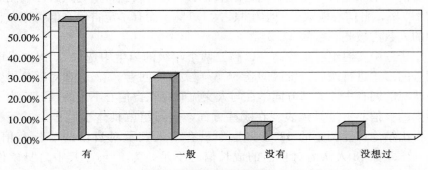

图 1 - 4　男生对成绩不理想学科的自信心状况

在图 1 - 4 中可以清晰地看到，大部分男生对自己信心十足，只有 12.8% 的学生对自己没有信心，或者是从没有考虑过这个问题。可见，初中男生对自己的自信心状况还是令人满意的。大部分学生认为对于自己不擅长的学科，自己一定能学好。

需要注意的是，从初中入学到毕业，能有几个男生能真正把自己不擅长的学科追赶上来呢？学生认为自己有信心，但却不知该如何付诸具体行动，最后只好得过且过。

在调查中实习小组还发现，学习中，遇到自己不能掌控的问题时，不向任何人请教，等老师来讲的占 3.1%；想放弃却又不甘心，向其他人询问的同学占 61.37%；坚信自己定能攻克难关的占 35.53%。另外，做作业时，随便完成的占 24.42%；自己专心完成的占 35.5%；需要有别人指导，在别人帮助下完成的占 40.08%。可见，中学男生在遇到挫折时，他们的自信心又是相当脆弱的。

衡水市饶阳县合方中学实习组在对男生自信心状况调查中发现，被测男生在生活和学习中遇到困难时多数可以有信心来处理，但完全有信心的只占总人数的20.4％，完全没信心的有4.5％（表1－12），而在争论学习问题时有61.4％的男生不积极发言，而有13.6％的男生根本不参加讨论，只有25％的男生主动抢先提出自己的看法（表1－13）。农村学校男生的自信心状况值得我们做进一步深入思考。

表1－12　衡水饶阳合方中学男生在争论学习问题时的做法调查

	七年级	八年级	九年级	占总人数比例（％）
完全有信心	1	4	4	20.4
有时候有看情况	7	15	6	63.6
基本没有信心	3	1	1	11.5
完全没有信心	2	0	0	4.5

表1－13　衡水饶阳合方中学男生在遇到困难时是否有信心面对调查

	七年级	八年级	九年级	占人数比例（％）
主动抢先提出自己的看法	4	5	2	25
先让别人讲，再说自己的看法	7	5	3	34.1
一定在考虑成熟以后再发言	1	7	4	27.3
自己没有思考，不参加讨论	1	3	2	13.6

饶阳中学实习小组对本校男生自信心状况，采取调查问卷和个例相结合的方法，针对男生在课堂上的表现、在集体中的感觉，以及自我感觉等方面设计了20项调查题目，向高一年级学生发放问卷210份，回收有效问卷196份，有效问卷回收率为93.3％。实习组还对几个比较特殊的学生（很活跃的、很内向的）进行了访谈，了解他们的想法。调查结果显示，在课堂表现方面，只有8％的男生经常在课堂上举手发言，半数以上的男生几乎没有在课堂上积极发过言，其课堂自信心明显不足；对于外貌，30％男生对自己的外貌不满意，50％的男生认为自己的外貌一般，总体看来男生对自己的外貌并没有自信；在集体自信心方面，56％的男生认为自己在集体当中很重要，可见大多数男生在这方面很自信，并且有一定的集体荣誉感；在对未来的看法方面，53％的男生表示对自己的未来充满希望，几乎没有人认为自己不如别

人。总体来看，男生在学习方面的自信心不太强，但有可能在自己的优势方面保持自信。

饶阳县尹村镇中学实习组的调查结果显示，有 30％的学生缺乏自信，男生尤为突出，缺乏自信者将近 40％，甚至有 9％的学生选择了自卑选项。造成这种现象的原因是多方面的，家庭条件的好坏、家庭的完整程度、父母对子女的期望值等。其中最为直接的一个原因在于，这所学校男女生比例达到 1∶3，男生数量明显少于女生，男生在学校的影响力弱于女生，而且学习成绩也居于下风。

威县实验中学实习组调查结果以年级为分界线，反映出来了不同问题。结果显示：对未来充满希望的，初一占 91.18％、初二占 91.67％、初三占 100％；对自己的相貌有信心的，初一占 32.35％、初二占 46.67％、初三占 51.72％；对自己的能力有信心的，初一占 50％、初二占 44.44％、初三占 41.38％。从这三项来看，对未来和自己的相貌的信心呈递增趋势，与此同时对自己的能力的信心则呈递减趋势。看来学生们在长大的同时，越来越喜欢自己并且对未来充满信心，可是随着时间的推移，见识的东西多了，反而对自己的能力越来越不自信了。

学生的学习需要有赖于自信。近代教育家俞子夷说："要有自信，一定要有过成功的体验，常常做错，常常受责，只有失败，永无成功，怎能自信呢？"男生的心智发育水平往往落后于同龄女生，导致他们的学习成绩偏差，学习上很少取得成功，很少得到心理上的满足和乐趣。而且由于总是失败，得到的多是教师的批评，家长的指责，同学的冷遇，久而久之，便失去了学习的兴趣。如果老师和学校能够帮助他们取得一点成绩，让他们看到自己的闪光点，哪怕是很微小的闪光点，并给予鼓励和表扬，从而为他们带来成功的体验和欢乐，就有可能成为他们学习的转折点。如果由于成功而受到鼓励和表扬，就更加强了这种感受，并会产生继续追求满足的需要，从而产生进一步学习或工作的兴趣和动机。

自信心是一种重要的社会和心理品质，自信心属于心理素质中的动力特质。心理学家认为自信心是人格结构中的本质因素。具有自信心这一人格特征的人有着很高的成就动机，他们对生活、工作和学习有着旺盛的精力和斗志，这些人更容易在事业上获得成功。如果说对成功的追求是引力，奋斗是动力，那么自信就是内力，有了这样的内力才能驱动不屈不挠、顽强奋斗、竞争制胜的行为。由此不难看出，自信心属心理学研究的范畴。但是，当前中学教育中存在着许多不利培养学生尤其是男生自信心的因素。男生表现不积极主要表现在不主动参与集体活动、课堂表现不积极，面对挫折时，一些学生常常害怕退缩等等。苏格拉底曾经说过："一个人是否有成就只有看他是否具有自尊心和自信心两个条件。"这就说明了自信心与成功的紧密联系。在学习上，如果缺少了自信心，就会失去前进的动力。有多少人因为缺少自信而走向人生的低谷，又有多少人缺少自信而失去成功。自信是成功的基石。所以，如何去发现男孩的优点，去鼓励和欣赏他们的每一点努力和进步，去建立和保护他们的自信心，是我们的学校和老师应该重视且要不断学习的问题。

2. 心理健康

世界卫生组织给健康下的定义是：健康不仅仅是指躯体上没有缺陷或疾病，还应当包括心理和社会适应能力等方面的健全与最佳状态。只有这两方面都健康才能称得上真正的健康。但是长期以来，农村学校对学生健康的关注最多只能集中在学生生理方面，根本忽视了中学生在成长过程中屡见不鲜的、并对他们的全面发展带来不良影响的心理健康问题。

"男孩标准"是美国麦克林心理健康医院男性中心主任威廉·波拉克在他的书中提出来的。"在过去的几十年里，我和其他几位研究男孩的专家越发意识到男孩只是表面看来状况良好，实际上他们的内心寂寞、困惑、孤立、绝望。他们感觉自我脱离，经常感觉与父母、兄弟姐妹、同龄人疏远。很多男孩的这种孤独感会持续整个少年时期甚至到成人后。"波拉克说，这种困惑和疏远可以说明为什么特殊教育的课堂男孩人数占到 2/3，并且男孩在学校落后于女生，诊断出有精神疾患的女孩数量不到男孩数量的 1/10。

波拉克的理论认为，问题出自男孩过早地跟母亲脱离。"母亲们迫切希望斩断儿子和她之间的'纽带'。在五六岁的时候，很多男孩就被推出来，期望能够在学校和露营中学会独立。在男孩的青春期早期，家长促使他们加入新的学校、体育比赛、工作、约会、旅行等等。"很多男孩并没为过早的分离和羞耻心的培养做好准备。

太多的孩子希望梦幻岛真的存在，这样他们就可以永远停留在孩童时代。这听起来是一个很有意思的事，在那里没有成人需要承担的责任和烦人的工作。但是如果一个年代的男人真的都长不大会发生什么？这是迷失的一代中一个逐步上升的问题。他们从来不用承担责任，不用处理人际关系，永远玩游戏，或者更糟的是，发生暴力事件……男性陷入了一种"永远长不大"的境地。这些"永远长不大"的男人给社会留下了被轻视的、不可信的形象。

琳达·弗莱士（Linda Flach）供职于康涅狄格州早期儿童咨询机构，此机构隶属于纽黑文郊外的一所儿童精神健康诊所。根据她的经验，在她能及的范围中被逐出学龄前学校的孩子几乎全部是男孩。"我们处理的通常都是些具有攻击性的行为，他可能是一个只有4岁的孩子，撕咬着、推搡着或者耍着脾气，大部分孩子被要求离开学校是出于安全方面的考虑。这样的孩子可能会跑出教室，你就要担心他们也许会跑到马路上去。"

但是为什么如此多的男孩存在着这些问题？弗莱士认为是学习行为推行得过早而伤害到男孩。"我认为我们对待孩子过于紧张，学习行为被注入到学龄前教室里，我曾见到过老师教坐着的两岁孩子们说'这是蓝色'。对两岁孩子来说，这种课程刻板枯燥。我试图向她们解释你不能这样去教两岁的孩子，但这种现象的确发生着。"弗莱士认为学龄前应是一段预留的时间，在这段时间里，孩子们的社会及情感意识得到发展，能够自我控制，并学着和他人相处才是最重要的。"人们需要转变思维，即学龄前学校的目的就是教会孩子读书、数数和加减。"

在我国，教育目的是培养德、智、体、美、劳全面发展的社会主义建设者和接班人。这就要求中学教育应该以素质教育为根本原则。但事实上，目前在我国相当一些学校中，尤其是农村中学仍存在着以考试成绩为出发点，以升学为目的的应试教育。在这种教育思想的指导下，学校对学生不断施加"分数压力"，以分数作为评价学生的唯一标准，排名、分班、补课……一系列"高压政策"不断地冲击着学生的心理。而这些做法的结果却事与愿违，它们常常引起学生心理紧张、情绪波动。因此，《中国教育改革和发展纲要》中明确提出：中小学应由应试教育转上提高国民素质的轨道，面向全体学生，提高学生的思想品德、文化科学、劳动技能和身体素质，促进学生全面发展。所以，现代中学生，特别是农村男中学生的心理健康状况就更值得我们去关注。

经过我们分布在河北省各地的实习组调查发现，农村学生存在一系列的心理健康问题，如：学习焦虑、人际交往焦虑、孤独倾向、身体症状、冲动倾向等，而发生这些问题的概率，男生几乎在各个方面都高于女生。饶阳中学实习小组调查的80％的男生认为在现有教育制度和体系下学习感觉很累，自己身体受不了。学习压力过大，高考压力大，直接导致睡眠不足以及眼睛等身体受到很大的伤害。现代教育制度过分重视考试，忽略了学生的身体锻炼，导致男生的体质越来越差。接近90％的学生认为现在的教育制度不人道，限制同学交流，给正常的交往带来很多打击；缺乏心理辅导教育，导致很多学生在受到伤害、挫折时，无法正确对待与解决。

初中男学生的心理问题成因分析：

（1）渴望独立，成人感较强，渴望其行为得到大人认可。当这种渴望得不到满足时，开始有意无意地反抗权威，矛头所指首先就是教师和家长，这就是我们常说的逆反心理。表现在反抗父母和老师的监督干涉，反对或拒绝成年人的劝导，有的甚至出现过激行为。

（2）抽象逻辑思维迅速发展并开始占主导地位，但具体形象成分仍起重要作用，认知能力不高，仍带有片面性和表面性。以自我为中心，任性固执，不懂得为别人着想，不能与同伴友好相处。以自己的好恶来论人论事，自以为是，甚至把自己的观点强加于别人。稍有不满便大闹大喊、大发脾气。干事情有始无终、虎头蛇尾、粗心大意，缺乏责任感。

（3）能较自觉地完成学习任务，但控制情绪、自我监督的能力还不高。感情用事，情绪波动大。

（4）观察富有目的性、模仿性，想像富有创造性和多样性。初中生由于独立意识的觉醒，开始注重与同龄人的交流，开始渴求"友谊"，他们更重视"朋友"的意见。他们敢于向成年人说"不"，对他们的"哥儿们"却习惯说"是"。这种心态有好的一面，同龄人的友谊会带给他们很多的"慰藉"，也是人际交往的初级阶段。但是，同龄人之间的竞争压力也蕴含着很大的破坏力，很多事例也证明了这一问题。另一种因独立意识觉醒而派生的问题就是盲目模仿成年人。有些男孩子看到成年男子的娱乐消遣方式十分羡慕，向往迪吧、酒吧、度假村等高消费场所，盼望自己有朝一日也能疯狂地潇洒一番。

（5）开始意识两性关系，萌发性欲、性爱和恋爱需求，人际关系逐渐频繁，渴望找到朋友。随着"性意识"的萌动，关注异性，渴望结交异性朋友。但他们还不能完全理解"性别角色"的社会性，也不懂得"爱情"、"婚姻"的严肃性和复杂性，认为自己的初恋是无比神圣的，为这份感情赴汤蹈火也在所不惜。但是，这些美好的"幻梦"往往经不起现实的考验，相处中性格的差异、种种误会等，导致这些"情缘"往往都是短暂的，有花而无果。在与异性交往中，有的学生不能很好地把握自己，造成一些不应有的后果。有的甚至会出现性犯罪，也有的出现"性心理偏差"。

（6）逐步形成比较自觉稳定的道德观念，但带有冲动性和感性色彩，不大切合实际，不善于把感情与理智结合起来。

（7）厌师。现在的学生个性越来越强，老师的一点点过失甚至无意间的一句言辞都会引起学生的反感乃至厌倦，因为讨厌某个或某些老师而放弃学业的占生源流失的比例也越来越大。也许在小学阶段老师在孩子们心中过于神秘、圣洁、高大，当他们步入初中后发现老师还有那么多缺点和不足时，心目中老师的形象一下子跌落了好多，于是对老师产生逆反、厌倦心理。这种心理很少被老师或家人发现，也就没有相应的教育和诱导手段，致使其对老师的反感愈演愈烈。

（8）中学生学习动力不足，所有的外部原因都要通过学生自己而起作用。依赖性强而适应性差的农村中学生，往往被动受外部因素影响，尤其是男生更容易受外部消极因素影响，他们会主动接受这些影响，对学习产生厌恶情绪。有的中学生过分贪图享受，对参加学习缺乏吃苦耐劳的思想准备，娇惯自己，不肯在学习中埋头苦干。有的学生学习方法不当，理解困难，又不肯虚心请教，久而久之，就会使成绩落后，失去学习兴趣。研究表明，越是感觉到学习成绩不理想的高中学生，越容易失掉对学习的兴趣，丧失上进心。成绩落后和动力不足形成恶性循环，对学生的学习产生十分不良的影响。

霸州十四中实习组通过对近百名青少年男生个案咨询研究发现，相对于其他年龄段的青少年来说，中学生在个案心理咨询中无论内容、形式还是咨询效果都有其独特性。总括其特点主要有：

一是内容多为学习问题。涉及学习成绩、学习动力、学习方法、学习习惯以及学习计划、生物钟等；二是表现比较强烈。如与父母、同学关系出现问题之后负气离家出走、心灰意冷的；三是极端化倾向。一次考试成功会使他们觉得自己不得了而飘飘然，而一次考试失败又能把他们打入十八层地狱；四是心理表现的表面性和简单化。中学生尤其是初中男生面对生活学习中的挫折而产生的挫折感尽管表现强烈，但大多很肤浅简单，或者说他们只是一种感性认识基础上的情绪反映；五是可塑性强。处在青春期的中学男生无论从认识上、情意品质上还是个性特征上都处于一个质的转折期，从不成熟到成熟的过渡期。在这个时期合情合理的引导、推心置腹的沟通、没有任何条件的尊重接纳以及通情达理，都会给中学男生带来积极的影响；六是家长的配合是咨询效果的最基本保障。中学生男生来咨询95％是有家长陪伴，这也就决定了实习小组对中学生的咨询模式很特别：家长—学生—家长—家长学生。在此模式中家长的地位很重要。这不仅仅是形式，更重要的是，实习小组发现并通过实践证明，处在青春期的中学男生的心理问题几乎百分之百与其家长有高度相关关系，心理问题能否有效解决也离不开家长的全心全意配合。与其说家长想通过咨询帮助孩子解决问题，还不如说是家长通过给孩子咨询发现了自己的问题。结果是家长的问题解决了，孩子的所谓问题也就解决了。以前通常的情况是家长生病，孩子吃药，也就是说当孩子有心理问题的时候，家长一般不会考虑到自己与孩子的心理问题有关系，认为孩子的问题就是孩子自己的事，于是会想尽一切办法给孩子治病，甚至把孩子弄到精神病院吃药打针。

在实习小组的中学男生咨询模式中，家长最终认识到自身的问题才是孩子心理问题滋生的关键。孩子真正的病根是家长，进而也就自然而然地全家总动员共同解决问题。家长生病家长吃药。其作用在个案心理咨询中是隐性的但又是最大的。由此，实习小组认为：家庭教育是处在青春期的中学生能否顺利走过人生这个关键点，能否健康成长、成材的最重要因素，而家长又是家庭教育成败的关键。

初中生开始发现和探索新自我，思维的独立性和批判性增强，依赖中求独立，表现出强烈的叛逆心理，对问题的精确性和概括性发展迅速，逐步从形象思维为主向抽象逻辑思维过渡。他们的自控能力得到初步发展，但稳定性和持久性还不强，自我意识强而不稳，自尊反叛更加强烈，情绪动荡，自我封闭，独立欲望增强，对事物能做出自己的判断和见解，但对自我的认识和评价过高或过低。伴随这些情况同时出现的还有初中生表现出的幼稚的感情冲动和不安定状态，喜悦、激动、愤怒、沮丧交织在一起。

尽管进入青春期的男生都会有明显的生理和心理的反应，但反应的个体差异是客观存在的，有的外向孩子反应强烈，有的内向孩子反应舒缓甚至表面很平静。前者从客观上会引起家长的关注，会造成矛盾的激化，使成长问题明朗化，一般不会导致严重的心理问题；后者的成长问题则往往被家长忽略，许多家长说孩子一直都很乖，没想到会弄成这样。举个例子来说，一位叫小强的初三复读生在新学校学习不到两个月的时候离家出走，家长动用警力才找回，后又割腕自杀未遂。按他的原话就是"想死，刀都不快"。这位男生是不是真的对生活绝望了呢？他作为一个内向又刚刚转入新学校的复读生，因为刚开学的一次课堂上表现不佳被老师罚站多达10节课，他的自尊心受到了近乎完全的破坏。于是他多次向家长提出转学，但家长总以该生所在学校教学质量高等理由拒绝。他多次向同学表达他对老师做法的反感，以期试图从同学中找到缓解自己心灵痛苦的途径，但他又失败了，因为已经习惯了老师做法的同学并没有与他产生共鸣。于是小强最后选择了前述的反抗方式，终于唤起了家长的注意。

第二章　男孩的行为问题

现在农村教师谈论较多的往往是，现在的中学生越来越难教，学生总体素质越来越差，尤其是男生。在人们的印象中，农村的男孩往往是一种纯朴、热情、勤劳、勇敢的形象，最多就是淘气一些，是不是老师们的议论和担忧夸张了呢？

当前，在社会经济、教育水平总体不断提高的情况下，农村中学的男生的教育效果却差强人意，不少家长提到自己的儿子时总是愁眉不展。在农村，千百年来的传统赋予了男孩们很高的地位，家长们望子成龙。可以说，一个男孩承载着一个家庭的幸福，对男孩教育的成败关系着家庭乃至家族的悲喜。

很多学生认为自己在学习和心理上有困难，特别是一些学习成绩不是很好的学生，他们往往意志较薄弱，但自尊心又很强，在受到老师的教育和启发后时常表现出"超度"的热情，也想把学习搞上去但不能持久，遇到一些挫折马上又退缩，缺乏自我控制能力。如果教师不能及时地给予正确的引导、热情的帮助，也会使他们自暴自弃丧失自信心。

这部分学生中很多人根本不知道怎样学习，或者说不会学习。大家都知道良好的学习方法或习惯，是大多数人成功的重要途径。古人云："学贵有方"就是这个道理。教学的重点，不应只是使学生"学会"多少，而是使他们"会学"。

1. 逆反的男孩

2010 年 4 月，霸州第二十中实习小组请求当地教师以书面形式提供可能属于逆反心理的各种表现。同时，选择了初三年级一个班进行开放式问卷调查。问卷的主要问题是：三年来，你对教师或家长是否有过较强烈的反感情绪？你宣泄此种情绪的方式有哪些？并由学生写出自己宣泄反感情绪的表现形式。与教师的 60 封公开信调查反馈：认为学生存在着逆反心理的教师为100％，列举出可能属于受挫型逆反心理表现的教师为 71％（43 份）。与学生的谈话式调查反馈：三年来对教师和家长曾有过较强烈的反感情绪的学生分别为 48％和 22％，其反感情绪的宣泄方式有 10 余种。问卷调查结果如表 2-1

所示。

表 2-1　霸州二十中初中男生逆反行为自述

项　　目	占学生比例（%）
1. 自认为没有受挫型逆反心理	2
2. 认为教师教育不当引起逆反心理	87
3. 认为家长教育不当引起逆反心理	62

　　青龙三星口中学实习组提供了一个初三男生的案例：张玉（化名），男，14 岁，八年级学生。学习成绩下游，智力一般，性格倔强，个性刚硬，自尊心特强，逆反心理十分严重。经常和老师发生冲突、顶撞，有很强的抵触情绪。你越是反对的事情，他就越和你对着干。在学校，他这种反抗行为十分尖锐。每当老师批评他时，他眼睛直对着老师，一副不服气的样子，甚至还和老师顶嘴。该生的叛逆行为是进入青春期的一种表现，他把家长和老师的批评、帮助，理解为与自己过不去，认为伤害了自己，因而表现出严重的敌对倾向。分析其原因主要有三个：一是家庭教育方式不当。张玉的父亲忙于生意，和孩子的交流很少，遇到问题就会斥责、谩骂孩子，在老师面前又要袒护孩子；而他的母亲主要关心孩子的营养状况和学习成绩，忽视孩子的思想教育，认为孩子还小，大了就会懂事的。在孩子的教育问题上，两人的方式也常常不一致。二是个别老师不懂得学生的心理特点，不能正确对待他所犯的错误，处理方式不当，使矛盾和冲突日益恶化起来。三是青少年特有的半幼稚半成熟的特点，使他看问题容易产生偏见，以为与老师、家长对着干很勇敢，是一种英雄行为，因而盲目反抗，拒绝一切批评。

2. 纪律不端

　　中学男生存在着方方面面的问题，影响和制约着学生们的学习和健康成长。这些问题主要有：上课不认真、学习目标不明确、小毛病坏习惯层出不穷、学习成绩普遍偏低、辍学率高等等。这些问题的长期存在，不仅是男生学习、成长中的隐患，而且间接影响了所有同学的学习和发展，最终会导致基础教育问题日益突出，影响和制约义务教育事业的发展。另一方面，学生在这些问题的影响下纷纷辍学、流失，也会导致下一代国民文化素质和水平的降低，甚至会影响整个社会的和谐健康发展。

　　通过对调查问卷统计结果的分析，我们发现乡镇中学男同学的学习动机方面存在的问题比较突出，直接影响着学生们的学习和身心健康发展。其中比较突出的问题有：

第一，缺乏学习动力，主要表现在学生们没有明确的学习方向，人生理想不够明确，缺乏职业规划、思想健康、文明礼仪等方面的教育。

第二，个性强、行动力差，在问卷分析过程中我们发现，学生们把自己的想法、好恶、愿望放在第一位，对于家长和老师的意见持一种"选择性听从"的态度。个性强本身不是什么坏事，但在实际情况中这些学生缺乏行动力，不能约束自己的行为，导致许多坏习惯被放大，好的学习习惯和生活习惯难以养成。

第三，对当前学校管理机制和理念较为不满，许多同学认为教师的教学手段过于陈腐，难以激发学生们的学习兴趣，而且感觉部分课本教材的知识难以跟上时代改变的步伐，整体感觉学习无聊、乏味，难以集中精神。

刚刚踏入初中校园的同学们尤其是男孩，学习漫无目的，没有方向可言。对什么感兴趣就听点什么，不感兴趣的就全盘否定。这样渐渐地就会有某些科目被落在后面，从不听课到最后完全听不懂，到后来进入初三，则会有一些男孩意识到学习的重要性，开始积极主动，奋起直追。

初一的时候他们对老师充满了敬畏甚至是有点害怕，不敢抬头看老师，一吓唬就听话了。后来随着年龄的增长，跟老师也渐渐熟悉，开始和老师嬉皮笑脸、接茬顶嘴。随之而来的是对老师的漠视，不以为然。

开始的时候，他们总是爱表现自己，不管是通过什么方法，包括上课说话捣乱。在他们看来，如果不这样，就会被遗忘。而随着年龄的增长，他们也开始有了许多自己的想法，变得沉默了。"以前上课经常捣乱，现在捣乱也觉得没意思了。"这是四班一个男生的原话。

承德安匠中学实习组经过半年的顶岗实习后发现：现在的农村初中生越来越难教，学生总体素质越来越差，尤其是男生。

请看来自农村中学学校男生的一些表现：

课上表现：说话、睡觉、接话茬、与教师顶嘴且不服从教师管理；

课下：对教师的谈话教育不但不接受反而顶撞教师；

作业：不独立思考，不但不积极完成作业反而与教师争吵做作业的必要性；

下课：铃声一响，马上冲到学校小卖部，挤成一团抢着买零食的二三十人基本是男生；

打扫清洁区：负责打扫的男生有的拿着扫把漫无目的地东挥西舞，有的追玩打闹，有的袖手旁观，上课铃声一响，扔下扫把、垃圾筐一哄而散；

交作业：课代表交给科任老师不交作业的名单上，十几个人全部是男生。叫来问话，有的说不会做，有的说病了不舒服，有的说忘了，有的则振振有词："我都不会做，为什么要做"；

一个小同学被高年级同学欺负，一大群人围观，就是没有人相助，围观的男生中，不乏被欺者的舍友、同村屯伙伴；

某班发贫困寄宿生生活费补助申请表，男生一哄而上，最后几个没拿到表的男生还急得抹起了眼泪；

学校政教处召开各班班长会，21个班的班长全部是女生，其中部分班级正副班长都是女生；

校园内：有些男生因为一些鸡毛蒜皮的事发生口角甚至打架致人死亡；

……

有的老师对一些文化成绩不佳又难以管理的学生往往采取不理睬、不管理的放弃、冷漠态度，上课只要不捣乱，做什么都行。于是这些本来就自制力差的孩子，就养成了散漫的不良习气。与此同时，社会多元化"娱乐"的吸引，如乡镇网吧的出现，街头巷尾带赌博色彩的棋牌游戏，不健康的光盘、书籍的泛滥，对一些无所事事的少年来讲无疑是一种极大的诱惑。

总的来看，目前农村中学男生的思想缺陷集中体现为：缺乏上进心、缺失正义感责任心、贪图享受等，学业水平和思想道德素质的滑坡趋势令人堪忧。每个学期受到纪律处分的绝大多数是男生，违纪行为主要集中表现为逃学、打架、上网吧、赌博等。现在，由于社会经济的发展以及国家"两免一补"政策的实施，因家庭贫困而被迫辍学的中学学生已基本上没有，而因为自身原因主动辍学的学生却呈逐年上升趋势。

农村中学男生放弃学业流向社会，主要是应试教育和社会多元的影响。近些年来，片面追求升学率使一些主管部门和家长以考试成绩、升学率来定学校、教师的优劣，教师为提高考试成绩，往往以牺牲自己的休息时间和学生的身心健康为代价，延长学生在校时间，常常达十几个小时。学生披星到校，戴月归家，假期补课，题海战术，弄得紧张而疲惫。久而久之，一些升学无望的学生就产生了厌学情绪，课堂对他们不再有吸引力，于是他们选择了流失。

读书无用论重新抬头。当今社会，不少连小学都没读完的孩子，也能在社会上找到一份工作，有的甚至发展得不错。相比之下，有的大学生未必能找到一份适合自己的工作或发展空间。这就给农村的百姓一种错觉：读书与不读书相差无几。

学生中的"早流"群体给学校、社会、家庭都带来了严重的负面影响,给社会增加了不安定因素。这一群体就像一群早产的婴儿,带着许许多多先天不足走向社会。他们缺少各种应有的抗体和抗病能力,很容易被社会上各种有害青少年身心健康的"病毒"所感染。跟踪调查显示,学生流向社会后,大约有70%的学生外出打工或和父母在田里劳动,约有30%的学生靠打牌、闲逛、上网、看不健康录像和书刊消磨时光。其中有少数学生染上赌博、偷窃、打斗等毛病,甚至走向犯罪。

康保四中副校长李明认为,农村男生辍学或流失的原因中个人原因占主导作用。李校长认为男孩子由于贪玩、容易冲动、自暴自弃,不能认识到学习成绩是可以通过努力来提高的,一点小挫折或打击就使他们对自己失去信心,失去学习的兴趣。初中男生自控力较差,比较贪玩。调查显示这所学校中有70%以上的男生喜欢上网,所以上网成瘾,也是男生辍学的一大原因。还有男生喜欢拉帮结派,朋友之间相互影响,直接影响学习成绩和学习的积极性。李校长说:"学生大多数认为现在学习并不重要,考上大学以后工作也不会有什么着落。所以男生都出去学习其他的技能或干脆不再上学。"

据南善中学实习组提供的数据,在这所典型的农村全日制寄宿初中学校,2007年、2008年、2009年考上示范性高中的分别为66人、64人、51人,而其中女生分别是40人、42人、37人,女生所占比例占较大优势。每个学期受到处分的绝大多数是男生,违纪行为主要集中表现为打架、上网吧、逃学等。与此同时,由于一些学生想接受更好的教育,转到其他学校,造成了学生的外流。2009年该校学生流失率16.7%,男生流失率20.8%,辍学率14.6%,男生辍学率16.7%。

新城中学实习组提供了一个案例。郝彦康(化名),男生,有一个哥哥、一个姐姐,家中处于老小地位,家住农村,父母务农,闲时外出打工,家庭条件一般。上课喜欢讲话,好动坐不住,性格开朗。叛逆性强,经常会和老师唱反调,对老师训斥具有反抗情绪。厌学,对于学习没有信心,并且凭喜好兴趣,偏科严重,认为英语最枯燥乏味,上课不专心听讲,老说话,作业应付了事;而数学是他感兴趣的科目,能够全身心地投入。结果是,数学成绩很好,而英语成绩一直倒数。该男生对于班主任的班级管理制度反感,导致厌学与反叛。通过与他的父母接触,老师了解到,父母平时对孩子管教很严厉,信奉"棍棒底下出孝子"的教育理念,所以在孩子犯错时,除了打骂,很少涉及思想教育,以及和孩子的沟通。孩子越来越大,也觉得越来越不听话,但是只有心里急,没有有效的办法。这应该是一个青春期男生的典型代表。青少年期是一个男生最叛逆的时期，打骂只会加剧抵触情绪。所以对待这种虽然有种种缺点但又蕴含无限潜能的男孩子，应该耐心引导，小心爱护，改变专制的家长作风。对孩子多一些平等和尊重，才能使他们顺利渡过人生的这一关键时期。只有耐心引导，孩子的叛逆情绪才会逐渐减弱，并健康成长。

第三章 男生的学习动机

　　学习动机指的是学习活动的推动力，又称"学习的动力"。它并不是某种单一的结构，而是由各种不同的动力因素组成的完整系统。其心理因素包括：学习的需要、对学习的必要性的认识及信念；学习兴趣、爱好或习惯等。从事学习活动，除要有学习的需要外，还要有满足这种需要的学习目标。由于学习目标指引着学习的方向，可把它称为学习的诱因。学习目标同学生的需要一起，成为学习动机的重要构成因素。要根据学生的个人能力去安排学习和工作，并创造一定条件放手让他们去独立完成。给学生的学习任务难度要适中。对学生的进步要有明确的、及时的反馈。

　　馆陶县房寨中学实习组采用了华东师范大学心理学系周步成教授主持修订的学习动机诊断测验（MAAT）作为测量工具。在初一和初二两个年级的所有男生中发放问卷 282 份，回收 266 份，有效问卷 258 份，其中初一 145 份，初二 113 份。本测验由成功动机（量表Ⅰ）、考试焦虑（量表Ⅱ）、自己责任性（量表Ⅲ，用 G 代表该因素，测定经过成败或受到赏罚时归因因素，最高分 15分，最低分 0 分）和要求水平（量表Ⅳ，用 H 代表该因素，测定个人期望的完成课题的水平，最高分 25 分，最低分 5 分）四个分量表构成。成功动机是测定追求成功的动机强度的，主要测量四个场面的成功动机，即知识学习场面（用 A 代表，测定有关"学习"课题的成功动机）、技能场面（用 B 代表，测定有关图画、美工、音乐等技能课题的成功动机）、运动场面（用 C 代表，测定有关运动和体育等课题的成功动机）、社会生活场面（用 D 代表，测定有关与班级、朋友的社会关系的成功动机），这四个场面的成功动机的最高分均为36 分，最低分均是 12 分。考试焦虑分为促进性紧张（用 E 代表，测量对考试的不安带来适度紧张，具有促进学习倾向的动机水平）和回避失败动机（用 F 代表，测量对考试的不安带来过度紧张，具有阻碍学习倾向的动机水平）两种作用来测量，这两种作用的计分与分量表 1 相同。

　　该量表的折半信度为 0.83～0.89，重测相关系数为 0.79～0.86，具有较高的信度。学习动机与学习成绩的关系、成功动机与教师评定的关系等研究都表明该量表尚具建构效度，能成为正确和有效的测量工具。以班级为单位进行集体施测，当场收回全部问卷。所有问卷的施测都由心理学专业的老师完成。问卷收回后，把有效问卷数据输入计算机，使用 SPSS16.0 在电脑上对数据进行统计处理，结果如表 3－1。

表 3－1　房寨中学初中男生学习动机

		成功动机					考试焦虑		自我责任性	要求水平
		知识学习	技能	运动	社会生活	综合	促进性紧张	失败回避		
		A	B	C	D	T	E	F	G	H
	M	23.58	27.64	28.77	26.71	106.97	22.59	22.41	8.83	19.22
	SD	3.79	4.14	4.50	3.95	12.93	3.36	3.86	2.75	3.52
学习动机强度	非常弱 N	19	9	8	9	9	4	6	17	13
	非常弱 P	7.36	3.49	3.10	3.49	3.49	1.55	2.33	6.59	5.04
	稍弱 N	54	25	42	70	49	60	73	34	19
	稍弱 P	20.93	9.69	16.28	27.13	18.99	23.26	28.29	13.18	7.36
	一般 N	141	161	121	153	151	164	143	135	215
	一般 P	54.65	62.40	46.90	59.30	58.53	63.57	55.43	52.33	83.33
	较强 N	44	59	87	26	49	30	24	68	11
	较强 P	17.05	22.87	33.71	10.01	18.99	11.63	9.30	26.36	4.26
	非常强 N	0	4	0	0	0	0	12	4	0
	非常强 P	0	1.55	0	0	0	0	4.65	1.55	0

注：在"失败回避"一项中，测定动机强弱的方向与其他项目相反。

由表 3－1 我们可以看出，房寨中学初中男生的学习动机水平处于中等水平，即一般水平，处在非常弱和非常强水平的人数不多、所占比率不高。具体而言：在成功动机上，有 22.48％的学生处在非常弱或稍弱水平，仅有 18.99％的学生处在较强或非常强水平，其余 58.53％的学生处在一般水平，这说明当前大多数初中男生成功动机不高，他们不爱学习，参与技能、体育和社会生活方面的活动的积极性不高。在考试焦虑方面，仅有 11.63％的学生考试焦虑的促进性紧张（适度焦虑）达到较强或非常强的动机水平，30.62％的失败回避的动机（过度焦虑）水平较强，说明大部分初中学生在考试过程中阻碍发挥实力的紧张度高，具有恐惧失败而想逃避学习的消极动机。在自我责任性上，27.91％的学生达到了较强或非常强的动机水平，说明多数初中男生对自己学习的责任感不强，喜欢把成败归于自身以外的因素。在要求水平方面，12.40％的学生处在非常弱或稍弱水平，83.33％的学生处在一般水平，只有4.26％的学生达到了较强或非常强的动机水平，这说明大部分初中男生的学习期望值不高。

表3-2　房寨中学初中一年级男生学习动机统计表

			成功动机					考试焦虑		自我责任性	要求水平
			知识学习	技能	运动	社会生活	综合	促进性紧张	失败回避		
			A	B	C	D	T	E	F	G	H
学习动机强度	M	得分	25.08	28.78	30.48	27.19	111.53	22.81	23.01	9.28	19.88
		等级	2.97	3.41	3.21	2.71	3.10	2.82	2.73	3.14	2.96
	SD		3.49	4.04	3.97	3.87	12.64	3.56	3.34	2.72	3.20
	非常弱	N	4	5	0	5	5	4	6	10	5
		P	2.76	3.45	0	3.45	3.45	2.76	4.14	6.90	3.45
	稍弱	N	37	17	32	44	20	32	40	15	7
		P	25.52	11.72	22.07	30.34	13.79	22.07	27.59	10.34	4.83
	一般	N	63	40	50	84	75	95	90	69	112
		P	43.45	27.59	34.48	57.93	51.72	65.52	62.07	47.59	84.14
	较强	N	41	79	63	12	45	14	5	47	11
		P	28.28	54.48	43.45	8.28	31.03	9.66	3.45	32.41	7.59
	非常强	N	0	4	0	0	0	0	0	4	4	0
		P	0	2.76	0	0	0	0	2.76	2.76	0

注：在"失败回避"一项中，测定动机强弱的方向与其他项目相反。

表3-3　房寨中学初中二年级男生学习动机统计表

			成功动机					考试焦虑		自我责任性	要求水平
			知识学习	技能	运动	社会生活	综合	促进性紧张	失败回避		
			A	B	C	D	T	E	F	G	H
学习动机强度	M	得分	22.27	26.19	26.58	26.08	101.12	22.30	21.64	8.24	18.37
		等级	2.45	2.76	2.66	2.58	2.58	2.83	3.02	2.89	2.75
	SD		3.59	3.81	4.20	3.98	10.80	3.07	4.33	2.69	3.73
	非常弱	N	15	4	8	4	4	0	0	7	8
		P	13.27	3.54	7.08	3.54	3.54	0	0	6.19	7.08

（续）

			成功动机					考试焦虑		自我责任性	要求水平
			知识学习	技能	运动	社会生活	综合	促进性紧张	失败回避		
			A	B	C	D	T	E	F	G	H
学习动机强度	稍弱	N	35	29	36	53	43	28	33	19	12
		P	30.97	25.66	31.86	46.90	38.05	24.78	29.20	16.81	10.62
	一般	N	60	70	55	42	62	76	53	66	93
		P	53.10	61.95	48.67	37.17	54.87	67.26	46.90	58.41	82.30
	较强	N	3	10	14	14	4	9	19	21	0
		P	2.65	8.85	12.39	12.39	3.54	7.96	16.81	18.58	0
	非常强	N	0	0	0	0	0	0	8	0	0
		P	0	0	0	0	0	0	7.08	0	0

注：在"失败回避"一项中，测定动机强弱的方向与其他项目相反。

由上述数据可以看出这所中学男生的成功动机与考试焦虑方面，表现出以下特征：

（1）成功动机。

在知识学习方面的成功动机，处在非常弱或稍弱水平的，初一年级为28.28%，初二年级为44.24%；处在较强或非常强水平的，初一年级为28.28%，初二年级为2.65%；在平均水平上，初一年级为25.08，初二年级为22.27。这说明在知识学习方面的学习动机，在年级上存在显著差异，初一比初二高。

在技能学习方面的成功动机，处在非常弱或稍弱水平的，初一年级为15.17%，初二年级为29.20%；处在较强或非常强水平的，初一年级为57.24%，初二年级为8.85%；在平均水平上，初一年级为28.78，初二年级为26.19，说明初一年级在技能学习方面的学习动机比初二要高。

在体育活动方面的成功动机，处在非常弱或稍弱水平的，初一年级为22.07%，初二年级为38.94%；处在较强或非常强水平的，初一年级为43.45%，初二年级为12.39%；在平均水平上，初一年级为30.48，初二年级为26.58，说明初一年级在体育活动方面的学习动机比初二高。

在社会生活方面的成功动机，处在非常弱或稍弱水平的，初一年级为33.79%，初二年级为50.44%；处在较强或非常强水平的，初一年级为8.28%，初二年级为12.39%；在平均水平上，初一年级为27.19，初二年级为 26.08，说明初一年级在社会生活方面的学习动机比初二要高。

在成功动机上，处在非常弱或稍弱水平的，初一年级为 17.24%，初二年级为 41.59%；处在较强或非常强水平的，初一年级为 31.03%，初二年级为 3.54%；在平均水平上，初一年级为 111.53，初二年级为 101.12，这说明初一年级在成功动机方面的学习动机比初二要高。

从上述分析来看：无论在知识学习、技能学习、体育活动还是社会生活等方面，初中学生的动机强度存在年级之间的差异。其中，初一年级要比初二强度明显要高。这说明在房寨中学男生群体中，随着年龄的增长，学生的成功动机在降低。

（2）考试焦虑。

在适度焦虑—促进性紧张程度来看，初一、二年级男生之间没有明显差异。且各年级中，大多数学生具有中等强度焦虑水平 50.85%，但也有相当一部分学生具有较强的焦虑水平。没有一点焦虑水平的学生则无一人。对于具有中等强度焦虑水平的学生，我们应该继续做工作维持其中等水平，因为适中的焦虑有助于学习的提高，过低和过高的焦虑则会阻碍人的学习。在过度焦虑—失败回避动机程度方面，初中一、二年级男生之间存在明显差异。

学习动机是错综复杂的内在因素，是直接推动学生进行学习活动的内驱力。它是学生对学习的一种需要，是社会和教育对学生的客观要求在学生头脑里的反映，直接影响到学生学习成绩的优劣和学生主观能动性的发展，同时与生理、心理、家庭、社会、教育、个性多种因素密切相关。

房寨中学初中男生学习动机的整体情况是，大部分初中学生的学习动机水平处于中等水平，仅有小部分学生达到较强或非常强的水平，这正反映了当前初中男生不爱学习、害怕考试、学习责任感不强、学习期望值不高的特点。由于青少年品德、价值观念正处于形成时期，缺少价值判断力，社会上出现的"脑体倒挂"现象与某些不正之风的涌起，很多青少年觉得读书无用、读书吃亏，从而导致其学习积极性不高，动力不足。因此，要提高中学生的学习动机水平，就必须改变学生的错误认识，引导学生放眼未来，从社会对人才的需求上纠正他们目光短浅的低水平动机。此外，教师在教学过程中，除向学生传授书本知识之外，还应引导学生正确认识和对待考试，学会有效缓解考试焦虑，使他们在考试过程中能充分发挥实力，取得优异的成绩，获得成就感，从而增强他们的学习责任感，提高其期望水平，积极主动学习。本次调查的结果表明，房寨中学初中男生的学习动机水平不尽相同，因此教师在教学过程中应客观地承认学生的个别差异，做到因材施教，让每一个学生都能体验到学习的乐趣，愿意学习，主动学习。

　　房寨中学初中两年级男生的成功动机水平、考试焦虑的促进性紧张和自我责任性都随年级的增加而下降，这可能与以下因素有着密切的关系：首先，学习负担过重、学习时间过长是对学生学习动机产生消极影响的重要原因，学生的身心长时间处于疲劳或半疲劳状态，对学习产生厌倦感。其次，随着年级的增加，学生所学内容的难度逐渐增大，很多学生感到学习困难，在学习上饱尝挫折，体验不到成功的愉悦，久而久之，学习兴趣逐渐降低。再次，频繁的考试和强大的升学压力会减少学习活动中积极的情感体验，且随之而来的考试焦虑情绪也会日益增加。这种情况会使学生的学习动机受到强烈的冲击，学生的年级越高，这样的经历就越多，学生的学习动机也就越弱。最后，学生学习动力不足，与教师的教学方法有很大的关系。教师教学方法呆板、讲授内容枯燥乏味，往往会使学生学习的积极性和求知欲锐减。初中学生的要求水平的发展趋势呈"马鞍形"，这反映了学生的年龄阶段特征。初一学生由于刚进入一个新的学校、新的学习阶段，有一种从头开始的愿望，大都有积极向上的理想和追求；而初二学生由于适应了新的学习环境和学习生活，可能淡忘了自己的理想和追求，比较散漫，不严格要求自己，因而要求水平动机低。所以，初中教师应注意分析了解学生这种学习动机的发展特点，恰当施加教育影响，帮助他们树立正确的理想和追求，使其满怀高度的学习热情，努力学习，不断进取。

　　康保县职教中心实习组进行的学习动机测验，以 11 个班 425 名男生（其中，初中部 8 个班，职高部 4 个班）为被试，结果显示：康保职教中心的男生学习动机强弱的程度参差不齐，学习动机很强的人不多，而学习动机很弱的同学较多，超过了总人数的 2/3。从年级来看，初中部学生学习动机普遍强于职高部学生。从学习动机分类来看，物质奖励性学习动机占学习动机内容的 60％左右，荣誉感、家长期望占到 35％，学生之间的竞争压力、无动机情况等占 15％。可见，在这些学生身上很少见到由纯粹内在动机而激发的学习行为，这一点主要跟当地经济发展水平落后有很大的关系。康保县职教中心的男生学习动机比较复杂。从理论上讲，中学生在校的 3～6 年里，学习动机应该是从"不合理"到"合理"的递进过程。然而，康保县职教中心的男生似乎并不遵循"不合理—合理"的发展模式，而是在其间游移、反复；而且学习动机的变化、发展有着多种轨迹，其中既有学校性的影响，也有复杂的非学校性的社会影响。从初中到高中阶段，康保职教中心的男生学习动机在总体上无显著发展，相反还呈现出很大的下降趋势，这一点主要跟学生的素质有关，特别是职高部的学生，他们的学习动机非常弱，很大一部分人没有明确的学习目标，而且学生素质也比较低。

康保镇中学实习小组则通过访谈法对男生学习动机现状进行了调查，发现农村中学男生动机主要表现在以下几个方面：第一，学习动机普遍不明确，具有很大的盲目性，在参与调查的男生中，盲目学习的占到72%，一多半男生不能明确地说出为了什么学习，或很少对自己的学习动机进行详细的思考，这些学生也最容易出现学习懈怠的情况。在调查中，有82%的学生在回答为什么没能在学习上更进一层楼时都说由于贪玩、懒以及不能很严格地要求自己，而这其中就包括那些比例占72%的盲目学习者。第二，将学习动机归于内部原因的男生比例仅为14%，具体表现有几种，但最主要的一种是希望自己考大学，以后能有一个幸福美好的生活，共有5名同学表达了这种倾向，剩下的2名各有自己的原因，一个因为自己个子低，害怕以后找不到好工作，另一个希望学点知识，对以后能有所帮助，但这2名男生的共同特点是学习成绩差，课堂上老师讲的东西基本听不懂，都经常有辍学的念头，感到在学校里缺少快乐。他们之所以会萌发出一些努力学习的念头，主要原因是他们感觉到，如果没有知识，他们以后的人生将会变得十分困难。第三，以家庭原因为学习动机的学生比例占大多数，约有78%的学生将学习的主要动机放在家庭方面，表达了一种希望通过努力学习来回报父母的辛勤劳动、扭转家庭生活状况的愿望，在这些人中，89%的男生成绩在中等以上，说明成绩好的男生往往能够将学习与家庭联系起来，当这些同学想到辛勤劳作的父母时往往会激励自己努力学习，以取得理想的成绩。第四，男生学习动机的多样化，在调查中，只为单一动机而学习的男生只占到8%，学习动机的多样化，也从一个侧面反映了学习的盲目性特点，不能将自己学习的原因准确地放在某一个方面。第五，因为渴求知识而使自己学习的男生很少，调查中没有一个男生将自己学习的动机放在渴求新知识上，即使是对自己感兴趣的学科，表现的也不是很明显，他们很难在学习中得到快乐，相反，他们都将学习看做是一件艰难的任务，因此，学习动机就不会很明确，同时也会阻碍他们潜力的发掘。

张北一中实习组针对本校高一男生所做的学习动机测验，如表3-4显示。

表3-4 张北一中高一男生学习动机

	N	均值	标准差	均值的标准误
文科奥班	22	15.73	7.363	1.570
理科奥班	22	14.91	5.781	1.233
文科普通班	22	16.18	6.169	1.315
理科普通班	22	16.09	6.062	1.293

由表 3-4 可以看出，文班学生的学习动机高于理班的学生，普通班的学生的学习动机要高于奥班。而文班的学习动机的波动性要大于理班，理班的学习动机相对稳定的多。从中可以看出，普班的学生的成绩还是有提升空间的。

只要给予适当的鼓励、支持，普班的学生的成绩提高幅度要大于奥班的学生，奥班的学生的压力可能导致他们的学习动机不强。

邯郸十七中实习生王俪蓉调查发现，男生学习现状不佳的表现主要有：第一，学习动机不强。学习动机是指引、指向与维持学生学习的内在动力。学习动机不强，定然引发厌学情绪。造成男生学习动机弱化的原因并非单一。第二，学习张力松弛。访谈中发现，部分学生升入高中后，认为达到了自己所预期的学习目的，因此，初中阶段所特有的紧张情势荡然无存，学习的紧张度消失。比如，一些学生坦然认为，"混个高中毕业证就行了，初三死学活学地过来了，我可不想再进行一次炼狱般的生活。"第三，学习理想失落。理想中的学习前景与现实中的学习前景反差过大，导致学生失去了学习理想。比如，有学生困惑地说，"刚上初一时我还知道学习，梦想着考一个好高中。但是，上到初二，学生学习风气大减，现在初二这么乱，老师也管不住，所以受环境的影响我也不愿意学习了，更没有什么理想可谈了。"第四，学习态度不正。部分学生说："我来这里就混一张毕业证，初中毕业以后好找工作，父母也是这样安排的。学习没有用，必须进入社会才能学到东西。"第五，学习目的不明。研究发现，有些男生因为学习目的不明，所以从众逃课，从而导致学习成绩下降。有学生说，"我本无心逃课，但看见他人逃课成风，自己便想试一试。"还有学生的回答更是令人啼笑皆非，"偶尔逃课，可以享受某种新鲜刺激。"第六，学习目标偏狭。随着市场经济的逐步深入与发展，人们靠做买卖赚取大笔钱财，所以父母就认为上学没用，不如早就业，"我所学的很多课程与我的前途关系甚小，毕业以后我就去站门市挣钱。"

卢龙县刘田庄中学实习小组通过对高一、二年级全体 230 名男生所做的关于学习动机的调查，如表 3-5 显示。

表 3-5　卢龙县刘田庄中学男生学习动机现状

年级	0～5 分	6～13 分	14～20 分
高一	49.6%	47.2%	3.2%
高二	37.3%	57.7%	5%
总计	41.7%	50.3%	8%

从表 3-5 可以看出，有超过 50.3% 的学生都有一定问题和困扰，41.7%

的学生存在严重问题和困扰，8％的学生有少许问题。调查结果中看到，学习动机比较明显的占学生人数的70％，我们看到高一年级男生的学习动机略比高二年级的小，原因是高一级男生的自觉性还不够强，不知道怎么去学习，有些还没有意识到学习的重要性，不知道为什么要学习，缺乏自我意识，所以对高一年级的学生进行学习目的和方法的教育是相当重要的。进入高二，无论从年龄还是从社会阅历上来看，学生都进入了成熟阶段，想问题做事情都比高一学生周到，知道自己要做什么，很多都明确了自己将来所要走的路，所以不至于很迷茫，思想得到了升华，很多学生都清楚地确立了自己的学习方向。

南宫四中实习组对本校初中三个年级的14个班300名男生进行了一次问卷调查。这是一所普通的县城中学。该调查对学习行为在"动力性、刻苦性、自觉性"三个方面的11个因素进行了测量，对被试做四级评定。动力性方面因素包括：学习责任心、学习价值观、抱负水平和学习兴趣四个因素；刻苦性方面包括学习的积极性、持续一贯努力、坚强毅力意志和充分抓紧学习时间四个因素；自觉性方面包括树立明确目标、时间计划性和课余自觉学习等因素。结果显示：整体而言，农村中学男生能在思想上确认学习和知识的重要性，却较少能在行动上"一贯努力"、"充分地有计划地利用时间"，结果又会因自己没有充分学习而后悔、自责。调查表明：晚自习时间从未抓紧过的占9.6％，抓得不太紧的占24.6％，抓得比较紧的和抓得十分紧的分别占41.6％和24.2％，后二者加起来也只占65.8％。

威县实验中学实习组对学生学习动机调查如表3-6显示。

表3-6 威县实验中学初中男生学习动机现状

年　级	学习动机		
	强	中	弱
七年级	20.0％	51.76％	28.24％
八年级	10.26％	57.69％	32.05％
九年级	4.81％	49.40％	45.79％

从表3-6可以看出：从总体上看，学习动机强弱的程度参差不齐，学习动机很强的人不多，而学习动机很弱的同学较多；从年级来看，随着年级的增长，男生的学习动机呈现逐步降低的趋势。

总的来说，该校男生的学习动机普遍偏弱，造成这种现象的主要原因是学生自觉性还不够强，不知道怎么去学习，还没有意识到学习的重要性，不知道为什么要学习。而他们的家长大多是朴实的农民，观念比较保守，对学生的要求和关心也比较少，对孩子在学习态度与学习策略上的指导几乎没有，导致他们学不会，也就慢慢地失去了学习兴趣与动力，直到八年级、九年级，落下的功课越来越多，感觉学起来越来越吃力，造成学习动机越来越弱。

学生学习动机不足，常常表现在以下几个方面：①懒惰行为。表现在不愿上课、不愿动脑筋、不完成作业、贪玩；学习上拖拉、散漫、怕苦怕累、并经常为自己的懒惰行为找借口；②容易分心。动机不足的学生注意力差，不能专心听讲，不能集中思考，兴趣容易转移；③学习肤浅，满足于一知半解。行动忽冷忽热，情绪忽高忽低；④厌倦情绪。动机缺乏的学生对学习冷漠、畏惧，常感厌倦，对学校与班级生活感到无聊。学习中无精打采，很少享受学习成功带来的快乐；⑤缺乏方法。动机不足的学生把学习看成是奉命的、被迫的苦差事，因此不愿积极寻求一些适合自己的学习方法，满足于死记硬背，应付考试。由于缺乏正确的灵活的学习策略和方法，所以往往不能适应新的学习情景；⑥独立性差。动机缺乏的学生，在学习上没有明确的学习目标，学习行为往往表现出从众与依附性，随大流，极少有独立性和创造性。

过去，几乎所有老师都会认为中学男生比女生潜力大，男生比女生学习好。然而在知识经济高度发展的今天，男生学习状况并没有人们所期望的那样，甚至有人提出了"男生危机"。相关资料表明：男生危机主要体现在学业上的危机，即学习状况危机。学习动力不足是高中阶段学生学业不良主要原因，可能源于学生对考试及成绩所持的态度。但是学生的学习动机构成存在明显的不协调，学生面临的现实是应试教育，是脱离人的发展和社会发展的实际需要，以应付升学考试为目的的违反教育教学规律的教育，学生不得不以考试分数建立自己的自我形象。另一方面，随着市场经济的发展，越来越多的学生（特别是那些考大学无望的学生）迫切希望学到将来实际有用的本领，而现在的考试，难以反映这种实用性。为应考设置的大量过重的作业负担，对将来的实际应用毫无意义。对大多数学生而言，将来发展的需要与当前自尊的需要，学生学习的目标与教师追求的目标、与学校对学生的评价体系处于越来越尖锐的对立之中。当我们对相当一部分学生的"不想好好学"大伤脑筋时，应当反思一下，这些学生是"不想学会对他们的将来实际有用的本领"，还是"不愿去苦苦追求对他们来说是几乎毫无意义的考分"？我们的教育，到底有多大程度适应了随社会而迅速发展变化的学生呢？

第四章　男孩的学业表现

近些年来，男弱女强、"阴盛阳衰"是中国绝大多数校园中的常见现象。过去，一般是小学初中的男生学习成绩落后于女生，进入高中以后，男生的学习成绩就会赶超过去。这是由于男孩的生理心理发展均迟于女孩。有研究表明，5岁男孩的大脑语言区发育水平只相当于3岁半女孩的水平，直到少年晚期，男孩才能追赶上女孩。因而，这一时期的男弱女强情况是正常的。然而，现在女生的学习优势却在不断延伸和扩展，到了高中、大学阶段，以及所有的学科领域，包括传统上被认为是男性优势的领域，女生都在全面赶上并超过男生。

有统计表明，1999—2009年间，我国各地高考状元中，男生的比例由66.2%下降至39.7%，其中，文科状元的男生比例由47.1%降至19.9%，理科状元的男生比例由86.1%下降至60.0%。有人说，"状元郎"已成过去式，如今多的是"状元花"。各级学校女生的学习成绩总分都高于男生，所谓"差生"大多是男生。男孩优于女孩的状况正在改变，就像气候变暖，南北极的雪在融化一样，现在从小学到大学男生已经远远落在女生后边了。2007—2008、2008—2009连续两个年度，在全国约5万名国家奖学金获得者中，大学女生人数均为男生的两倍左右。对31个省（自治区、直辖市）的省属高校的统计表明：2007—2008年度，所有省属高校男女大学生获国家奖学金的总体比例为1∶2.35，2008—2009年度为1∶2.32。如果不重视解决男孩危机，中国的"阴盛阳衰"现象必将更加严重。

当然，学校里的"阴盛阳衰"现象并非中国所独有。在美国，父母、教师仅仅是开始意识到了这个问题。以罗得岛为例，2007年，在《普洛威顿斯报》刊出了一篇1 200个词的文章。该文章以"国家担心太多的学生有阅读障碍"为标题刊登在头版。普洛威顿斯学校54%的儿童阅读能力低于平均水平。蕾妮教育研究政策中心发布公告，马塞诸塞州的男孩远远落后于女孩。根据对该州10个学校的研究，相比29%的男孩，41%的四年级女孩得分很高；七年级时，这种性别差距进一步扩大，男孩在考试中不及格比率是女孩的两倍；到了十年级，46%女孩得分很高，而男孩只有36%。

2008 年春天，美国国家评估管理委员会发表了 2007 年国家教育进步评测写作结果，这令其副主席阿曼达·阿维隆（Amanda Avallone）吓了一跳，阿维隆是科罗拉多州博尔德的一个八年级英语老师和副校长。她发表了以下声明：写作方面的性别差距几乎和种族差距一样广泛，甚至在科学和数学方面更大。在一次 12 年级的写作测验中，32％的女生达到了熟练水平，是男生的两倍……写作老师拉尔夫·弗来彻引用了国际的资料数据，显示高三男生落后于女生。他也指出了在国家写作测试中巨大的性别差距，例如在华盛顿，女生在所有等级上都超出男生 18 分。弗来彻说："我在其他的州也发现了同样的事情，在国家写作测试中女生把男生打得一败涂地。"

在澳大利亚，蓝山学校用自己的"基准测试"数据统计出在 10 岁的时候有多少学生在他们 12 岁的时候满足毕业的要求。测试结果令人惊奇，有 75％的女孩达到要求，而男孩只有 30％。当他把这个结果报告给教师们时，大家都不敢相信这个结果。

在加拿大，一些大学正在经历着女性急剧上升的情况，加拿大的女性在学习方面表现出的兴趣比男性要大，所学的课程更有意义，也更刻苦。调查中 46％的高中男生每周最多用三小时来做作业，相比较只有 29％的女生会这样。加拿大男生对学校的不感兴趣还反映在他们比女孩更多的翘课次数上。年龄 20 岁的加拿大人中，15％的男生没有拿到高中学历，而女生仅为 9％。这个趋势也反映在大学录取率上，目前，加拿大大学录取的新生男女之比为 43∶57。例如在蒙特利尔大学，女性占医学系学生总数的 71％、法学系 63％、验光专业 80％、牙科专业 64％、管理学专业 56％。在麦基尔大学，女性占建筑学专业学生总数的 70％、医学系 61％、牙科专业 51％。教授们发现，男女大学生在成熟水平上的差异十分明显。这在新生中最为突出，新入学的女生比男生更懂得如何读书和做实验。

在英国，男女学生在阅读和写作能力方面的差距越发变得不可逾越。2006 年的英语测试中，年龄为 14 岁的女生中有 80％达到了五级（Level 5）的要求，而男生的达标比例却只有 65％。当地教育部门官员警告说：五级代表着继续学习所需要达到的最低能力水平，这就意味着男生中有 35％处于被淘汰的危险之中。

在由经济合作和发展组织追踪的 30 个国家中，55～64 岁年龄段，男人比女人受到过更好的教育，只有 3 个国家例外，这个年龄段妇女受到了比同龄男性更好的教育；而在 25～34 岁年龄段，情况发生了戏剧性改变，30 个国家中有 20 个国家的女性比男性受到了更好的教育，在其余的 10 个国家中，只有瑞士和土耳其 2 个国家呈现出男性比女性受到了更好教育的显著性差异。

为了更好地掌握河北省农村与乡镇地区男生学业方面的表现，河北师范大学 2010 年 3 月派往全省各地的实习小组，在为期半年的顶岗实习过程中，对当地学校的男生学习问题进行了调查研究。

1. 学科学习困难

学习困难是当代经常被提到话题。学习困难是指智力基本正常的学龄期儿童，学业成绩明显落后的一类综合征。一般是指有适当学习机会的学龄期儿童，由于环境、心理和素质等方面的问题，致使学习技能的获得或发展出现障碍。表现为经常性的学业成绩不良或因此而留级。狭义的学习困难儿童一般无智力缺陷，智商（IQ）在 70 分以上。学习困难的概念源于教育学，最初注意到的是儿童的智力问题。1904 年法国教育部委托 Binet 等人首次编制了智力测验，用于甄别智力低下的儿童。近三十年来，精神医学、教育学、心理学专家们从各自的专业角度对儿童学习困难进行了大量的研究。常见的同义词有：学习困难、学习无能、学习障碍、学习技能发育障碍等。

在教育情境中经常可以看到一种现象，有些学生智商正常甚至很高，教师、家长也认为他们十分聪明，但就是成绩不佳甚至考试不及格。原因是多方面的，其中一个重要方面就是学习困难（也叫学习障碍 LD），学习障碍是指智力正常，但因学习能力落后而导致成绩低下的现象，即家长和教师共同认为该学生发生了学习困难，轻者考试成绩常在 60～70 分，或常不及格；重者考试成绩都在 60 分以下。目前学生学习困难的发生率日趋增多。1985 年全国抽样调查为 5％，1991 年有人报道已高达 17.3％。学习困难的学生使老师失去信心，家长伤透脑筋，不少学生破罐子破摔，说谎、逃学及偷盗等行为占学习困难学生的 50％之多，已明显影响到家庭、社会，构成了一定的社会问题。

霸州第五小学实习小组分析了本校小学五、六年级男生对困难学科的投票情况和各科所占的百分比例，如表 4-1 所示。

表 4-1　霸州第五小学五、六年级男生学科困难状况

困难科目	数学	语文	英语	科学	音体美
五年级	20	12	42	15	6
六年级	24	26	44	8	3
百分比（％）	22	19	43	11.5	4.5

可以看出，在农村小学男生学习困难的学科中，英语占到43％，数学占到22％，语文占到19％，科学占到11.5％，其他课程如音、体、美等占到4.5％。

从得到的这些数据来看，英语是男生主要学习困难的学科，原因是农村的男生接触英语时间比较晚，而且接触的时间也比较少，因此英语基础较差，再加上农村学校英语教学的师资力量较弱，偏重死记硬背，导致学生学习兴趣丧失，学习成绩下降。

其次，数学所占比例位居第二。数学是一门对逻辑思维能力要求很高的学科，给学生的印象是较难，学习起来较吃力，进而产生枯燥乏味的感觉，导致学习兴趣的降低。尤其是一些数学基础较差的学生，学起来更是力不从心，不知道该从何学起。

接下来，语文所占比例也较大，这主要与男生的性格特征有关。常言道："兴趣是最好的老师。"小学时期的男生一般较调皮，没有足够的定力、耐力，而语文又是一个需要不断积累、长期坚持不懈学习的学科。

科学的学习对于小学男生来说，应该算是比较容易学的一门学科。首先男生的思维逻辑性相对女生来说比较强，其次，他们学习这门学科的兴趣比较高。

音体美所占比例是最小的，这些科目在小学被称为副科。对于这三门学科的学习，相对来说，男生们还是比较有兴趣的。尤其是体育课，男生们都比较爱上，这也是男生天生活泼好动的结果。

霸州第十九中学实习小组所做的一项关于初中一、二年级男生对学困学科的投票情况和各科所占的百分比例，如表4-2。

表4-2 霸州十九中初一、初二男生学困科目状况

学困科目	英语	数学	物理	语文	历史	地理	生物
初一	20	11	0	4	0	15	1
初二	22	22	5	2	3	0	0
百分比（％）	40	31.4	4.8	5.7	2.9	14.3	1.0

根据上述表格数据可以看出，农村初中男生学习困难的学科中，排在前三位的是英语、数学、地理，分别占40％、31.4％、14.3％。所有学科中英语排在首位，仔细分析，有以下几点原因：农村基础教育阶段的英语教学实力相对薄弱，老师在孩子们最初接触英语时不能做到从引发兴趣入手，调动孩子的

积极性，孩子们在小学阶段基础较差，中学时期的学习节奏较快，且前后知识的联系较紧密，容易造成知识脱节，学生一旦没有及时跟上节奏，不仅要填补知识上的空缺，还要保证新知识不被落下，任务量极重，必然会越来越感到吃力。当发现自己的知识漏洞越来越大时，不免要对自己的能力产生怀疑，最后不得不放弃。还有很重要的一点，英语属语言类学科，男生的逻辑思维能力较强，因此，大多数男生更偏爱于逻辑推理类的学科，如物理，对英语这样需要大量记忆的学科，不太感兴趣。

学习困难的学科中数学紧随英语之后，排在第二位。初中数学的难度比起小学是一个飞跃，对思维的逻辑性、严密性提出了更高的要求。数学学习需要踏实、刻苦、静下心来钻研探索的精神，而男生往往好动、顽皮、坐不住，缺乏足够的耐力和定力，不能进行深入的探究，处于浅尝辄止的层面，自然成绩也就很难提高。

在学习困难的学科中，有 14.3％的男生选择了地理学科，由于地理不在中考范围内，学校不重视，老师也不认真授课，让学生自学，许多学生不能理解掌握课本知识，所以将地理学科归为学困学科。

南宫市段芦头中学实习小组于 2010 年 5 月通过问卷的方式，对本地男生英语的学习兴趣进行了调查。调查以学习英语的初一、初二的学生为对象，样本分别来自段芦头中学 10 个班级的乡村学生。研究采用整群抽样的方法，使样本具有代表性。分别在该校初一、初二年级任意抽取两个班，分发调查问卷198 份，收回有效卷 189 份。调查对象均为男生。调查结果表明：该校男生对英语"非常感兴趣"的人仅占 0.8％，"比较感兴趣"的为 13.2％，"不感兴趣"的为 78.3％，"不明确自己是否对英语感兴趣"的为 7.7％。通过调查我们可以得出结论：这所学校绝大部分（近八成）男生对英语不感兴趣。

承德安匠中学实习小组对本校男生学习困难的调查结果，如表 4－3显示。

表 4－3　承德安匠中学男生学习困难学科统计

科目	参与人数	困难人数	占总人数比例（％）
物理	97	59	60.8
数学	155	90	58
英语	155	89	57.4
化学	40	22	55
生物	115	59	51.3

（续）

科目	参与人数	困难人数	占总人数比例（%）
政治	155	46	29.6
地理	115	33	28.6
语文	155	42	27.0
历史	155	41	26.4

在这所乡村中学男生学习困难学科中，居于前两名的分别是物理、数学两大自然学科，造成这种现象最主要的原因是在应试教育体制下，多数农村中学重知识轻能力、重记忆轻思考、重求同轻求异、重重复轻发现、重模仿轻创造、重总结轻发散、重标准轻灵活的价值偏向，更适合女生性格心智特长的发挥。男孩子一般生性活泼好动，兴趣广泛，思维活跃，不喜欢一些机械的、乏味的、僵死的、重复性的应试训练。从而导致了多数男生在应试时成绩不佳，男生所擅长的创造力、想像力被抑制，最后则失去了思考、探究的兴趣和动力。

2010年5月末，平山县岗南中学实习小组自行编制了"化学课堂教学调查问卷"。问卷的主要内容包括：①中学生化学成绩；②中学生对化学课程的认识；③中学生对化学课程的态度三个方面。实习小组对九年级6个班的200名学生进行了调查，并随机抽样进行座谈访问5次，结果如表4-4。

表4-4　平山县岗南中学初三男女学生各科平均成绩名次与化学成绩名次分布

	各科平均成绩		化学成绩	
	男生	女生	男生	女生
第1~10名	33%	67%	38%	62%
第11~20名	39%	61%	46%	54%
第21~30名	58%	42%	64%	36%

数据显示，在前10名中，男生的数量仅占1/3左右，而女生占据了2/3，而随着名次的下降，男生的数量逐渐增多。以男生学业成绩低于女生为主要表现形式的新的性别差距，阻碍了男生的发展。诚然，女生在学业成绩上有了大幅度提高，这是一件好事，反映了女性社会地位的提高和进步。不过，相对于女生的学习成绩提高，男生前进的步伐太慢。正如有学者指出的，女生在学业方面取得的成绩，反映了女性性别弱势的部分改变，这是教育领域中的一种进

步，值得高兴。但与此同时也不能不承认，这意味着相当部分的男生被剥夺了同样的机会，导致了较高一级学校中严重的性别失衡，直接影响了男生未来的社会流动和人生选择。

在被调研班级的学生中，男女比例相当。但在对化学课程重要性的认识上，男生则表现出了比较消极的看法，女生比较积极。总体来看，男生大多数认为化学课程不重要，但对他们来说，化学是一门简单易学的学科。而对女生来说化学则比较难，同时大多数女生也认为化学比较重要。从这里也可以反映出他们成绩差异的原因。

在这次调查中实习组发现，喜欢化学这门课程的学生占80%，其中男生54%；喜欢做化学实验的学生占74%，其中男生60%，；在这部分学生中，喜欢做化学兴趣实验及喜欢自己设计实验的学生共占82%，男生占据了61%，而女生则偏向于课本学生实验和教师课堂演示实验。从中可以看出，男生对化学课程还是有极高的兴趣并有着极大的发展空间的，只是受到实际条件的限制及应试教育的影响，再加上学校教学条件落后，教育理念及教育的方式方法不能很好地满足男生发展的需要。这一系列的原因导致了原本在化学学习上可以有很大发展空间的男生却在这一学科的学习上（进一步说是在各科学习上）落后了。

秦皇岛市卢龙县木井中学实习小组就学科学习困难问题向本校高一全体男生发放调查问卷198份，回收有效问卷197份。根据学生的投票情况进行数据汇总，对于学困学科学生共投了359票（有人投了多个学科），学生对学困学科的投票情况和各科所占的百分比例如表4-5。

表4-5 卢龙县木井中学高一男生学习困难状况

学困科目	英语	数学	物理	语文	历史	地理	生物
高一	143	111	17	20	10	51	4
百分比（%）	39.8	30.9	4.7	5.6	2.8	14.2	1.1

从上边数据可以看出，农村中学高一男生学习困难的学科中，排在前三位的分别是英语、数学和地理，各占39.8%、30.9%和14.2%。

在承德农村学校的实习组走访了部分农村学生家庭，并对初三245名男同学做了一份问卷调查，并找个别同学谈了话，其主体是针对于他们认为自己存在困难的学科及自己认为出现困难的原因，通过对问卷的分析，有了以下发现：

245 名男生中有 201 名学生认为自己的困难学科是英语，10 名学生选择了文综，仅有 34 名学生选择了理科性质的科目。这个结果让实习组几个实习生有了很大感触，也让实习组的调研结果更加明显。

承德农村男学生学习困难的学科严重偏重于文科，尤其是后接触的英语。农村的孩子，尤其是男孩子，通常都比较喜欢研究，善于钻研。而这种优势就适合学习数学、理综类的学术性比较强的学科，所以，他们会把大部分的精力放在理科上，顾此失彼。

2010 年 6 月，初三学生已经进行了三次模拟考，承德实习组就利用他们三次模拟考的成绩对承德农村男女生的升学率、优秀率和合格率做了一次对比分析，结果发现：男生的平均优秀率为 8.4%，而女生仅为 5.3%；男生的平均合格率为 35.2%，而女生却为 50.3%。分析此结果，男生由于思维活跃，往往能够举一反三，灵活解题，所以能做出一些难题怪题，如果再能保持思维的严密性，就能出类拔萃。而一部分女生会因为用功努力弥补了智力上的弱势，因此在合格率上优势较大。

张北镇中实习小组对本校八年级学生期中考试各科目不及格人数进行了调查，参加调查的人数总计为 556 人，其中男生 270 人，占总数的 48%。本次调研结果如表 4-6 所示。

表 4-6 张北镇中学八年级男生期中考试各科不及格人数与比例

	语文	数学	英语	政治	历史	地理	生物	物理
不及格总人数	310	245	290	41	259	489	180	410
男生不及格人数	173	125	175	26	160	223	94	190
男生比例（%）	55	51	70	65	61	45.6	52	46

从表 4-6 的数据可看出，在这所学校一次平常的期中考试中，在所有 8 个学科里，男生的不及格人数在 6 个学科上全面超过女生，特别是在英语、政治、历史等文科方面落后明显，只有在地理、物理两个学科中不及格人数略少于女生。女生的学习状况从整体上来说明显好于男生。

实习组还对部分有学科学习困难的学生进行了调查，在和个别男生谈话中了解到，因为从开始就对英语不感兴趣，导致被动学习，如果老师要求不严格，课上几乎不听讲，作业大部分靠抄袭完成，长年累月如此，自然不会取得满意的成绩。有些同学意识到英语的重要性，想自己补，但是由于之前落下太多，一时见不到成效，也放弃了追赶的念头。政治和历史，相对于其他学科来说，理论性较强，教师讲课照本宣科，划下标准答案，学生只要照背即可在考试中拿到高分，这容易让男生产生厌烦心理，在调查中大概有1/3的男生认为政治没意思，学起来枯燥。另外，很多男生的学习往往凭自己一时的热情与冲动，努力时断时续，缺乏持之以恒的精神，不注重学习中的反思，没有属于自己的学习方法，虽然已经很努力地在学，但是方法不得当，尤其是记忆性的知识，没有好的学习方法很难取得好成绩。再加上14岁左右的男生，正是贪玩的年龄，上课持续注意的时间比女生短，很难坐下来静心去背一些东西，也较易被外界因素干扰，例如历史课，由于新老师给他们带来一种新鲜感，在调查中大部分同学反映上课听讲比以前更认真了，课上记的东西也多了，很爱上历史课，课下也很想背历史，但就是管不住自己，坚持了一段时间就又玩开了，所以历史、政治、语文、英语等记忆性强的学科男生成绩普遍较差。而其他科目满分都是100，这就传递给学生一种政史不重要的信息，加之男生本身就不习惯背诵，自然导致学习成绩不佳。最后，家长尤其是男生家长多数认为上学没太大用处，一些家长常常给孩子灌输十四五岁完全可以随父母外出赚钱、没有必要再接受学校教育的念头，使很多男生心思萌动，无心学习，特别是对语文、历史、政治等需要占用大量时间背诵记忆的学科普遍学的不好，而数学、物理理解性强的学科相对不需要占用过多的时间，情况才会稍好一些。

青龙三星口中学实习小组对本校男生学习困难学科状况进行了调查后也发现，男生学习困难科目包括主科和副科都有，学习困难发生最多的科目仍然是英语（44%），其次是语文和史、地、政等文科科目。如表4-7所示。

表4-7 青龙三星口中学男生学习困难科目

学　　科	外语	语文	史地政	数学	其他
男生学习困难百分比（%）	44	19	17.5	17	2.5

从得到的这些数据来看，英语是男生主要学习困难的学科。在这所地处偏僻山区的农村中学，男生接触英语时间普遍较晚，大多是上初中之后，可以说错过了第二语言发生的关键时期，英语基础较差，比早就接触到英语教育的县城孩子学习英语的困难要大得多，所以一旦在开始学习英语的时候没有及时跟上学习的节奏，导致学习成绩下降，他们就容易丧失学习兴趣，不愿意再学。如此就形成了恶性循环，久而久之就自动放弃了。在这所学校中，史、地、政科目所占教学比例相对较小，常被称为副科，学生主观意识上不重视。导致一些男生本来自己的优势学科成绩下降的其他原因还有：由于不喜欢这门学科的

任课老师，从而在课堂上没有积极性，下课也没有好好复习巩固，久而久之导致学习成绩下降；自己在主观上不想学习，认为这是一件很苦的差事，放弃这门学科，放弃自己；还有就是觉得这门课程枯燥无味，自己学习没有兴趣；还可能在学习生活中受到周围同学的影响，影响到对于这门学科的学习。

临城县实习小组对本地几所学校的高二男生进行了观察发现，从高中开始男女生文理分化日益表现明显。对于男生的调查可以发现，男生普遍对理科存在较大的兴趣。就两个班的男生的表现来看，发现其中一部分男生学习的目标非常明确——考大学，老师的表扬与重视，同学的欣赏都成为他们不断努力学习的动力。通过月考、期中考、期末考，成绩的提高、排名的上升都促使他们有了更大的学习信心和学习的动力。

对于理科的学习，男生似乎有着本能的热爱，爱好钻研的他们希望通过自己的思考攻克每一道难题，做出难题的喜悦使他们对于学习有了更大的兴趣。

在高中的学习生活中，即将成年或已经成年的男生，似乎也意识到自己未来需要承担的责任。通过调查发现，作为男生，他们的思想中有更多的担负责任的意识，他们对于未来在家庭及社会中需要扮演的角色以及承担的责任义务十分明确。如今他们都希望通过学习来提高自己，改变自己未来的生活。

在农村中学，就成绩合格率而言，男生是比女生低些的。中国农村居民对男孩的期待完全不同于女孩，在这种期待下，男生成熟的早，他们心目中学习的概念不是那么重要。而女孩子承受的期待值小得多，压力也小得多，她们安于并适应这种生活，可以在学习上投入更多的时间和精力，所以女孩的合格率整体上高于男孩，继而也造成男生的升学率比女生低。但从优秀率来说，男孩子却有着相对的优势。长期的家务和农业劳动让他们过早地成熟起来，"穷人的孩子早当家"这句话就是很好的一个概括，而这种心智的成熟使得男孩子们能够独立，自制，开始思考人生，规划未来，所以涌现出一些有抱负、有担当的出色的男孩。

衡水官亭中学实习组采用本校七、八、九三个初中年级男生为被试，对于新教材及新的学习内容背景下，男生不喜欢学习的科目进行了调查。共发放问卷100份，回收有效问卷94份，调查结果如表4-8。

表4-8 衡水官亭中学初中男生"不喜欢学科"的年级分布

	人数	占受测试学生比例（%）	年级分布		
			七年级	八年级	九年级
英语	41	43.6	15	12	14

（续）

	人数	占受测试学生比例（%）	年级分布		
			七年级	八年级	九年级
生物	32	34	16	9	7
语文	29	30.8	8	10	11
物理	29	30.8	/	17	12
数学	26	27.6	14	6	6
地理	25	26.5	7	6	12
历史	19	20.2	14	4	1
政治	16	17	10	3	3
化学	5	5.3	/	/	5

各年级男生不喜欢的学科不一，在乡镇中学里，学生认识不到学习英语的重要性，主要是为了应付考试。而在其他一些学科中，任课教师起到了关键作用。有些学科，学生喜欢任课教师，从而带动学生也喜欢该科目。从表4-8中，实习组能够看到八年级和九年级的学生并不厌烦历史、政治等文科科目。而七年级表现出来的是对各个学科的不喜欢，只有语文和地理的百分比较小。而三个年级的学生不喜欢的科目中都有英语和物理。其次是语文、数学和生物。学生喜欢上历史课，但是成绩却没有因此得到改善，因为课堂上老师讲的再有趣，考试还要靠记忆拿分。学生虽然生活中天天和汉语打交道，但对语文课不感兴趣。

河口二中男生学习困难的学科特点及原因调查结果如表4-9。

表4-9 河口二中男生学习困难的学科分布

程度	总人数	数学	英语	语文	物理	政治
最难	50	22	30	15	20	12
较难	50	10	8	11	11	10
一般	50	7	7	16	10	16
容易	50	11	5	8	9	12

接受调查的不同年级的男生，也认为最难学的是数学和英语，孩子们认为主要是因为：①基础。数学和英语小学也一直在学，现在不好，肯定有底子薄弱的原因，基础没打好，初中后学科难度加深，想大幅提高不容易。②畏难心

理。某一科一直不好，就产生了畏难心理，认为它难学，自己怎么学也学不会，恶性循环，这一科就真的难以学好。③老师。老师是一个很重要的因素，如果老师讲得不好，学生们听不懂，初中生很容易产生逆反心理，就不学这科。老师的言行举止和敬业态度也会对学生产生很大影响，初中生心智都不成熟，容易因为喜欢老师而喜欢上他的课，反之亦然，这正是初中生的特点。

虽然男生在知识面、想像力、创造力和批判思维等方面具有比较优势，但是，在一系列严格制度化的、绝对标准化的考试中，这些优势都难以表现出来。所以，在同龄男生与女生共同参加的应试竞争中，往往是男生被淘汰出局。

藁城二中实习小组对本校高一246名男生进行了男生学习困难的学科特点及困难原因的问卷调查。通过实习小组细致有耐心的指导，使学生认真完成问卷。调查发放问卷246份，回收有效问卷207份。实习小组对问卷调查结果进行统计分析，对偏科严重的男生个别访谈，了解原因，分析总结。

调查结果：有效问卷显示，男生学习困难的学科是英语、数学、文综三科（历史、政治、地理）、化学、语文。其中对英语感到学习困难的达58%，对数学感到困难的达34%以上，对文综三科某一科表示困难的占32%，其他的科目所占比例较低。男生学习困难的学科特点及原因依次是需要大量记忆的，逻辑性强的，综合文科范围的，有文言类的。

在学习语文方面，男生是个弱势群体。大多数男生对学习语文有一种怕烦和畏惧心理。班级里，读书结巴的是男生，字词常错的是男生，讲话不清的还是男生。他们不喜欢朗读，不喜欢积累，更不喜欢写话和习作。所以，中学阶段语文成绩优秀的男生屈指可数，而成绩差的却较女生多。藁城市九门回族乡中学实习组曾对学校七年级段男女生语文期末考试的成绩进行了对比（如表4-10）。

表4-10 藁城市九门回族乡中学七年级2010学年期末考试男女生语文平均成绩对比

班级	男生	女生
1	81.3	83.3
2	74.7	81.5
3	76.9	87.4
4	82.8	88.9

从表4-10中发现：女生成绩普遍好于男生，而且差距较大。

张北县职教中心顶岗实习小组对男生学习困难的学科特点及原因进行了调查，他们调查分析了春季预科班学生，共 60 人。学生来自张北县县城三所初中和各乡镇 10 所初中，其中初三 48 人，其他年级 12 人。学生全部为未完成义务教育来职中就读的学生。学生普遍学习素质较差，学习动机不明确，对继续升学教育没有信心，大多数是想学一门技术，早点就业，减轻家里负担。

问卷中设计"你认为初中开设的学科中哪一科最难学？为什么？"一题，收回的 60 份有效问卷中，有 2 名学生回答有两科难学，其他学生均回答一科最难学，统计如下：英语 36 人、化学 9 人、数学 8 人、其他 19 人，还是认为英语最难学的学生最多。学生们认为，小学没有学习过英语，对英语一窍不通；英语听不懂，慢慢发展到有抵触情绪，不愿意学英语；认为英语是外国语言，中国人不应该学，学也学不好，学好了也没什么用；生活中缺乏语言环境，只在课堂上讲，平时不用，没什么作用；英语需要记的单词、短语、句型太多，念起来拗口，没有信心学好。

饶阳中学实习小组也在本校高一年级中随机选取三个自然班发放调查问卷 173 份，回收有效问卷 165 份。结果发现男生的困难学科中英语占 45％，数学占 25％，语文 15％，理科占 15％。这些数字与上文中很多中学的调查结果类似。

从以上多项调查中我们看到，河北省农村与乡镇学校男生大都认为英语很难学。英语是一门靠长期积累、潜移默化才能学好的学科，不是一蹴而就、立竿见影的。很多学生不能持之以恒，且找不到正确的方法，所以有些灰心丧气。对于这些农村与乡镇地区的学生而言，大部分人读书的基本目标是为了学习一技之长有利于就业，而英语作为一种既很难学、可能一辈子也用不上的知识和技能，学生们完全缺乏学习的动力。这一点，应该引起教育主管部门的深思，英语课程如何开设，师资如何配备，学生们在最初接触英语时老师和教材从何处入手，都是值得深入探讨的问题。

2. 升学率、合格率和优秀率

饶阳中学实习小组利用本校的信息对男女学生的升学率、合格率和优秀率进行了对比，其中升学率指学生考上高中的人数比例；合格率指学生中考进入公费的人数比例，优秀率指升入重点班的学生人数比例。其统计结果如表 4-11。

表4-11 饶阳中学男女学生升学率、合格率与优秀率比较

	升学率（％）	合格率（％）	优秀率（％）
男生	56	48.5	11
女生	67.2	72.6	6.5

从表4-11发现一个比较有趣的现象，虽然男生的升学率和合格率明显比女生低，但是男生的优秀率却较女生高。也就是说，虽然男生的成绩总体来说不如女生，但是男生一旦认真学习，成绩往往不逊于甚至超过女生。

饶阳县尹村镇中学优秀学生中男女生比例严重失衡，学校前20名的学生中有14名女生；前50名学生中有37名女生。男生升学率、合格率、优秀率普遍低于女生。

沙河三中实习组也发现男生在升学率、合格率、优秀率等方面与女生相比较低（约43％），但是在个别的班级，男生优秀率会和女生优秀率持平。这与班级氛围和班主任的管理是密不可分的。当班级形成一种比学赶帮超的学习氛围时，能更好地把男生的学习潜力挖掘出来，促进其学习成绩的提高。沙河市第四中学实习组依据学校期中考试成绩调查发现：成绩优秀女生人数为8人，男生为4人；成绩合格女生为20人，男生为12人，男生在优秀率、合格率方面似乎只相当于女生的一半，从此分析可以明显看出男生与女生的成绩差距。

留村中学实习组根据2010年5月学校期中考试对男女学生优秀率、合格率进行了统计比较。结果如表4-12。

表4-12 留村中学初中一、二年级男女学生优秀率、合格率比较

	合格率（％）		优秀率（％）	
	男生	女生	男生	女生
初一年级	12.4	29.4	8.3	11.5
初二年级	10.5	33.6	4.5	18.4

在每年的中考中，虽然也会有几名成绩优异的男生，但在考上高中的总人数上，男生人数低于女生。通过对男女学生初中三年的学习成绩追踪调查发现：入学之初，男女生的学习成绩没有太大的差别，但是男生在初一和初二阶段学习成绩出现较多人数的下滑，势必影响到初三时的成绩，因而决定着学生的中考升学率。

沙河市十里亭中学实习组对本校初一126人、初二99人、初三133人的男女学生合格率、优秀率所做的比较分析结果如表4-13。

表4-13 沙河市十里亭中学初中男女学生合格率和优秀率比较

年级	合格率（%）		优秀率（%）	
	男生	女生	男生	女生
初一年级	11.2	30.1	4.7	10.4
初二年级	19.2	34.3	5	16.7
初三年级	36.2	30.4	21.7	10.1

通过表4-13分析可以看出：在初一、初二阶段男生合格率和优秀率都远远低于女生；但是在初三阶段男生的优秀率和合格率都急速上升，超过女生；而且在初一、初二阶段处于中等水平的男生较少。由此可见，男生在初一、初二阶段比较贪玩，但到初三认识到学习的重要性后会有很大的进步。通过对历年中考成绩的分析，实习组得出该校男生的升学率为40.6%，女生的升学率为35.8%，由此可见，男生的升学率略高于女生。

在这所学校中，大约45%的男生都喜欢数学。他们认为数学比较有趣也比较容易，而且用途广泛。他们对数学充满好奇。另外也有男生认为数学可以锻炼他们的思维能力。在他们最不喜欢的科目中，英语位居首位，地理次之。35%的男生认为英语太难，单词太多，记忆困难。由于基础太差，他们对英语逐渐失去了兴趣。另外还有25%的男生认为地理很难，需要记忆的东西过多，而且实际用处不大。由此可见，男生不喜欢死记硬背的科目，也会因为基础差而放弃某些学科。

85%的男生都认为学习很重要，他们的学习动机主要来自三个方面：扩大知识面，找到体面、稳定的工作，以及榜样的力量。

新城中学实习组对这所学校2007年以来男女学生的三率进行了对比，结果如表4-14。

表4-14 新城中学男女生近三年来合格率、优秀率、升学率的比较

性别	年份	合格率（%）	优秀率（%）	升学率（%）
男生	2007	23.7	12.3	18.7
	2008	29.2	14.6	19.2
	2009	33.7	16.8	21.3
女生	2007	28.6	15.3	20.4
	2008	35.7	17.6	21.7
	2009	43.1	19.8	24.3

从表4－14可以看出：近三年来，新城中学男女生的合格率、升学率、优秀率都处于上升趋势，但总体来说男生还是明显落后于女生。

河口一中总共有177名学生，其中男生74名，占总数的42％；女生103名，占总数的58％；这些学生分布在七年级、八年级各两个班、九年级一个班。该校的大多数班级都是女生人数偏多。年级越高，男女生数相差越大。以九年级相差最大，整个班共33名学生，女生占了24人，男生只有9人。在对九年级的班长访谈时得知，在七年级时有两个班，到八年级上学期就并成了一个班，男生也开始相继减少，或辍学在家务农，或外出打工，直至目前的9人，并且考上高中可能性较大的只有一人。

在这5个班级中，有三个班的班长是由男生担任，另外两个班的班长是女生。但对于其他班委职务，只有初一（1）班，也就是男生相对多的这个班中，科代表、小组长等职务男生比例较大，且存在一男生分任多职的情况，如本班的政治科代表、英语科课表、体育委员是由同一个男生担任的。而其他两个班情况相反，除了班长是男生，个别科代表（比如理科、数学）是男生外，多是由女生担任班委职务，班干部中的男生比例只占了26.47％。因为在这个年龄段，女生显然比男生懂事、有责任感、自律性强；做事周密，更得老师信任。

就目前来说，各班学习名列前茅者女生占了多数，男生通常只有30％的机会。在七年级成绩名次表中，虽年级第一是男生，但前20名男女生的比例是2：8，单科第一名多出现在女生中。而八年级男女生学习成绩分化更加明显，两个班的第一名都是女生，甚至前10名都快找不到男生的影子了。随着年级的增加，这一比例就更大了，九年级因为只有9个男生的缘故，前10名学生男女之比为1：9。即使在男生传统优势项目如数学竞赛、计算机竞赛中，男生获奖比例也不比女生高，呈"阴盛阳衰"之态势。

男生在其他方面的表现与女生相比也不尽如人意。学校举行活动，男生的积极性总是没有女生高。连运动会、体育竞技这种男生擅长的活动，也只见寥寥几人报名参加，更别说文艺汇演、演讲比赛这种文艺性的活动了。参加县里运动会时，男女报名比例是一半比一半；校里组织的演讲比赛，男女参赛比例是1：4；文艺汇演时，男孩子出的节目更是屈指可数，男生出演的节目占总数的39.1％，其中还有重复上场表演的男演员。老师无论怎样鼓励、命令他们参与活动，他们都推脱，拒绝参加。认为上台亮相掉面子，或是怕失败，没有勇气上台表演。在这些方面男生远远比不上女生敢于抛头露面。

顺平大悲中学实习小分队通过对本校男女学生的学习成绩调查发现，在七年级期中考试成绩前40名学生中，男生13人，语文无优秀，全部及格；数学优秀 7 人，及格 6 人；外语优秀 5 人，及格 8 人；历史优秀 3 人，及格 9 人，不及格 1 人；政治无优秀，及格 8 人，不及格 5 人；地理优秀 1 人，及格 6 人，不及格 6 人。从数据上看，男生的文科普遍不行，语文、历史、地理、政治四科普遍差，而数学还可以，外语亦不错。初中男生升学率、优秀率、合格率与女生的比较研究发现，中考参考人数 141 人，其中男生 58 人，女生 83 人。男生女生升学率分别为 50% 和 82%；优秀率分别为 32.4% 和 26.8%；合格率分别为 34% 和 58%。

男生升学率、合格率明显少于女生，但是优秀率高于女生。就男女生成绩归因的差别而言，女生的成绩更多地归因于他人帮助，并且比较依赖他人帮助；男生数学成绩在努力方面的归因倾向性明显高于女生。男生的两极分化现象比较严重，所以合格率明显低于女生，而升学率与合格率相差不大，且合格率与优秀率的差异也不大。女生在学习策略的运用上明显优于男生。

顺平神南中学初三共有 82 个学生，其中男生 33 人，女生有 49 人。学生的整体学习成绩不是很好，三大主科特别差，导致中考很多人吃亏，分数很低，考上高中的人很少。这届学生中考成绩如表 4-15。

表 4-15　顺平神南中学初三男女学生 2010 年中考优秀率、升学率比较

	人数	公助生	优秀率（%）	上高中总人数	升学率（%）
男生	33	8	9.7	18	54.5
女生	49	7	8.5	23	46.9
总计	82	15	18.2	41	50.0

通过比较发现，男生上高中的人数比女生少，但男生的优秀率高于女生。

2010 年中考成绩下来后，臧村二中实习组对本校男女学生升学率、优秀率、合格率进行了比较：男生的升学率为 33.3%，优秀率为 5%，合格率为 30%；女生的升学率为 66.7%，优秀率为 10%，合格率为 35%。臧村经济发达，家家户户都有自己的生意。受这种环境的影响，男孩家庭与街坊四邻都会觉得男孩除了读书之外有更多的出路，男生自己也会不由自主降低对学习的期待，认为上学不如做生意赚钱好。于是学生来到学校的动机就由充实自己的人生变成了混日子混毕业证——反正有没有知识都能做生意，学习积极性很差。另外一方面，周围学生的表现也是影响他们学习动机的重要原因。学生们都不把学习成绩当回事，别人考得优秀他也不羡慕，自己考得差也不觉得惭愧。

在威县高公庄中学，数据主要来自班级问卷和教导处采集，更加真实可信。综合各个年级，班级前 5 名中，男生平均占 2 个；班级前 10 名中，男生平均占 3 个。男生合格率、优秀率、升学率明显要少于女生。

从清河二中初中男女学生升学率、优秀率、合格率比较也可以看出，男生明显要低于女生。在八年级和七年级阶段，虽然有个别的班级由于有班主任的恰当管理以及良好的学习氛围，比如在七年级一班，前 10 名中男生占 60%，在前 5 名中占到 80%，男生优秀率很高。但大多数班级里，男生整体优秀率、合格率和升学率都低于女生。可见，能否有效地挖掘男生的潜力，在很大程度上取决于班级的领导者以及整体班级氛围。当班级形成良好的学习氛围时，能更好地把男生的学习积极性调动起来，促进其学习成绩的提高。

在威县二中，实习组对本校初高中部分非毕业班男女学生的及格率进行了比较，如表 4-16 所示。

表 4-16 威县二中部分非毕业班男女学生及格率比较

班级	初二（一）班	初二（四）班	高一（一班）	高二（五）班
男生及格率（%）	70	65	69	72
女生及格率（%）	85	79	76	80

元氏县实习分队对全县 7 所中学初高中男女学生升学率、优秀率、合格率进行了比较（如表 4-17）：

表 4-17 元氏县 7 所中学初高中男女学生升学率、优秀率和合格率比较

	升学率（%）	优秀率（%）	合格率（%）
男生	98	20	90
女生	97	15	89

由多种调查数据看出，在学习、综合素质方面，初高中阶段的女生越来越突出了，而男生却在走下坡路。以前男孩危机在小学和初中阶段明显，但到高中后，男生会后来居上，但近几年男生的这种优势也在逐渐丧失。

与其说"男孩危机"不如说是"应试危机"，也许是校园里的应试教育更适合女生发挥，也更不给男生机会。

很多男孩就这样被耽误了。他们输在了人生的起跑线上。孩子小的时候不会进行自我评价，只有借助于权威的评价。不少男孩由于自身生长发育的特点，在学习方面遇到一定的困难，这时老师或其他人往往不能从男孩生长特点

的角度客观地看待他们，而是武断地评价他们"笨"、"学习不好"，一些男孩子在年龄增长之后仍然没能"迎头赶上"，并不是他们真的不行，而是"这种失败性的评价可能已经形成他们终身性的自我评价"。男孩们把学习不好看成了命运，从而造成了一种恶性循环。这些男孩是输给了自己的心理，他的自信心被打垮了。学校不喜欢男孩，男孩不喜欢学校，不清楚男孩与女孩在成长上的差异，使得男孩无法得到更科学的对待，而以升学为主要目标的学校教育则对男孩的成长造成了致命的伤害。

于是我们就会看到，在继续提高的教育阶段里，男孩与女孩的差距越拉越大。美国和加拿大的一些大学正在经历着女性急剧上升的情况。

在美国，沿着缅因州法明顿市的主要街道快速走过，你会看到一个新英格兰大学城。在市区邻近的几个街区转一会儿你就会发现这里的奇特之处。市中心的商铺瞄准的都是女大学生，任何地方都不容易看到男士商品。这当然都和商业利益有关，在法明顿学习的大学生中有 2/3 是女生。女性不仅抢占了市中心的购物便利，还在校园内占据主导地位。她们占据了校园俱乐部的大多数席位，并且还经营着影响学生利益的学生社团。

其他不像法明顿这样以女性为中心的大学也在朝这一趋势发展，在四年制的大学毕业生中，平均 60％的学生是女生。高校女生毕业率并没有减少的趋势。上大学的女生比她们的男同学更想得到学位，这一情况加剧了形势的严峻性。这一增长的不平衡给高校工作带来了诸多问题：学生宿舍的女澡堂过于拥挤；课堂讨论环节听到女生的声音远远多于男生。

第五章　男孩的辍学现象

　　学龄期（7～15岁）儿童因种种原因未能入学校学习、或已经进入又因各种原因离开，流失在各级学校之外的现象，我们在此统称为"辍学"。在我国广大的农村地区，辍学，特别是初中生辍学仍是一个严重的社会问题，辍学学生绝大多数未成年，辍学后大多通过各种途径进入社会。大量的中小学生辍学，不仅造成教育资源的巨大浪费，也阻碍了义务教育的普及，给我国社会经济发展尤其是农村社会经济发展带来了比较严重的负面影响，不利于农村教育的发展和农民文化水平的提高，且在大量的辍学学生中，男生辍学占有较大的比例。

　　粗略估算，不少中小学尤其是农村中学的年辍学率都超过了国家规定的2%的标准，有的高达4%以上。部分农村地区经济发展后，初中辍学率居高不下。全国教育科学"十五"规划国家重点课题——"转型期中国重大教育政策的案例研究"课题组，在以乡镇为样本的抽样调查时发现，被调查的17所农村初中学校，辍学率参差不齐，差异性较大，最高的为74.37%，平均辍学率约为43%，大大超过了"普九"关于把农村初中辍学率控制在3%以内的要求。在不少地方还存在着初一3个班、初二2个班、初三1个班的情况。而且，一个值得注意的现象是，中学生辍学不仅发生在贫困地区，经济状况较好的地区也有所抬头。

　　在农村，辍学者随处可见，经常看到农村的一些学龄儿童在村子里游荡，他们本该去学校却没有去。教育部新闻发言人王旭明在2006年1月26日曾表示，如果以全国小学和初中1.8亿学生计算，再按全国平均辍学率计算，估计辍学学生在230万人左右。据教育部"农村中小学教师队伍建设对策研究"课题组负责人、江汉大学继续教育学院教授高双桂介绍说，课题组不久前刚刚完成对全国22个省区中的130个乡镇748所中小学的调查研究，其中一个发现就是农村中小学生流失现象仍较为普遍。在被调查乡镇中，有40个乡镇反映小学学生存在流失现象，分布率为30.77%；有82个乡镇反映中学学生存在流失现象，分布率为63.08%；421所一般小学中有102所显示有学生流失现象，分布率为24.23%；132所中心小学有34所显示有学生流失现象，分布率为 25.76％；124 所一般中学中有 112 所显示有学生流失现象，分布率高达 90.32％；71 所中心中学有 34 所显示有学生流失现象，分布率为 47.89％。

近几年，国家在中西部地区投入大量资金扶持教育，旨在帮助尽可能多的适龄儿童接受九年义务教育，降低农村青少年辍学率。据东北师范大学自 2002 年开始至今，对辽宁、吉林、黑龙江、河南、山东、湖北等 6 省 14 县 17 所农村初中的调查表明，接受调查的地区的农村初中学生的平均辍学率超过 40％，已大大超过 3％ 的国家标准。另据 2003 年东北师范大学农村教育研究所所长袁桂林教授的调查，"当前农村义务教育突出的问题是初中辍学率居高不下，有的乡镇中学辍学率高达 70％ 以上。在我国的东南、东北、华北、西南 6 个样本县逐乡镇调查后发现：有 4 个县农村初中学生平均辍学率高于 20％，最高的达到 50.05％。"从全国来看，初中学生辍学率在 10％ 以上的县确实为数不少，甚至有些乡镇小学辍学率达到 50％ 以上。

据上海教育科学院的有关专家推算证实，2000—2002 年，在入学率与毕业率上，小学相差 10 个百分点，初中则相差 14 个百分点。由此，他们得出：近年来全国每年大约有 500 万适龄儿童未完成初中学业，其中近 200 万人未完成小学教育。而近期东北师范大学进行的一项全国 6 个典型县 2003 年初中辍学状况调查的结果，再次证实了辍学现象在农村的普遍存在。这项调查结果表明，所有 6 个县初中三年的辍学率最低为 20％，最高则达到 50％，大大超过了教育部关于"不得超过 3％"的底线。

辍学，不仅是对教育事业的严峻挑战，而且是对创建和谐社会、实施可持续发展战略的一个严峻挑战。"以四川省为例，2002 年和 2003 年，16～17 岁犯罪的孩子分别占未成年人犯罪的 47％ 和 50％。16～17 岁已经成为未成年人犯罪的高峰年龄段。"全国政协委员吴正德列举完这组数字后说，"在未成年人犯罪中，绝大多数犯罪人初中未毕业即辍学，有的连小学都没有读完。辍学、失学已经成为未成年人犯罪的重要原因！"据《燕赵都市报》2010 年 8 月 9 日报道，石家庄辛集市一名 17 岁少年温某，辍学后无所事事，整天沉溺于上网、打游戏。7 月 15 日从家里出来后，便再没回过家，因为身上没带钱，离家第一天他在火车站候车大厅睡了一夜。为了弄点钱花，7 月 16 日他第一次作案，在辛集某超市门前偷了一辆电动车。得手后他将车骑到火车站以极低的价格卖给外地人，然后拿着赃款去上网打游戏，花光之后再次盗车。从 7 月 16 日至 29 日，十几天的时间里连续盗窃电动车 7 辆。

中小学生辍学是制约"普九"发展的突出问题，也是目前全社会普遍关注的热点和难点问题。认真分析学生辍学原因，采取切实可行的措施依法制止辍学，是教育工作者义不容辞的责任。尤其中国农村地区初中辍学率一直居高不下，农村初中辍学现象已不仅仅是个别学校、个别地区的特殊现象，它已成为中国农村初中教育阶段的一个普遍性的严重问题，其已经造成的严重后果及将造成的后果不得不引起有识之士的忧虑和反思。为此，河北师范大学 2010 年春季学期分派到全省各地学校的顶岗实习分队、小组或组员就农村和乡镇中学男生辍学问题进行了广泛的调查。调查发现，农村、乡镇男孩的辍学情况可能比我们想像的还要严重。究竟是什么原因导致这些孩子辍学的呢？是因为家庭贫困，还是因为厌学不想上学，还是有其他原因。这些引起了我们的关注，也是我们展开这项研究和调查的一个重要原因。

需要特别指出的是，近年来我国农村初中辍学的真实情况一直被各种报表数字所掩盖，瞒报、虚报现象非常严重，导致社会各界对辍学现象的关注和研究相对减少，对辍学带来的严重后果估计不足，更直接干扰了中央到地方的义务教育决策。

2010 年 3 月到 7 月，邯郸市临漳县倪辛庄中学实习小组在搞好教学完成教学任务目标的同时，对当地农村辍学问题展开了调查和研究。在学校领导和班主任及学生的帮助下获悉：2008 届学生入校男生 42 人，而最终参加中考的学生只有 12 人，中间流失了 30 人。2009 届学生入校 41 人现在只有 9 人。

据承德市承德县六沟镇两所学校的实习小组的调查，在 2007—2008 学年度中，该校入学总人数 1 400 人，辍学总人数为 76 人，其中七年级 45 人，八年级 13 人，九年级 18 人，男生 49 人，女生 27 人，辍学率超过了 5%。在此年度之前每年学校的辍学率均超过 5%。承德安匠中学实习小组调查发现，这所中学的在校生从入学到毕业的辍学率能够达到 33%，其中男生辍学率高于女生辍学率。

农村中学生大面积流失问题由来已久，尤其是辍学问题特别严重。新入校的七年级学生，离开父母的照顾而要完全融入集体生活，学科增多，学习任务繁重，使部分学生无法适应中学的学习环境和生活环境而退学。八年级学生处在身心发育的高峰期和转折期，品德修养和学习成绩的分化期，部分学生由于学习跟不上而退学。九年级学生面临较大的升学压力，部分学生感觉自己升学无望从而选择退学。

由于学校所处经济相对落后的承德，很多农村家庭经济条件差，无力支付较高的生活费用也是学生流失原因之一。当地农村经济来源渠道少，很大一部分家庭家长为了养家糊口双双外出务工，认为男孩也是主要的劳动力，长期上学不如早点步入社会打工挣钱，使男孩的辍学率升高。有的家长忙于打工挣钱，对上学的孩子疏于管理教育，亲情的缺失，使孩子感受不到家庭的温暖而处于自由散漫的无政府状态，一部分留守学生与社会上一些闲杂人员混在一起，染上了诸如抽烟、喝酒、上网、赌博等恶习，导致学生不思进取，从厌学到违纪直至逃学从而造成学生被动流失或主动流失。

面对近几年下岗人员增多，就业十分困难的现实，特别是很多大学生毕业后找不到工作的状况，部分家长和学生对接受九年义务教育失去了兴趣，男孩"读书无用"，不如早点打工挣钱的思想在部分农村人群中还根深蒂固。加上政府工作重心偏重于经济这个硬指标，未把普及九年义务教育放在重要议事日程上。学校教学质量不高，教学方法和手段的陈旧，部分老师工作责任不强，做一天和尚撞一天钟，或者只教书不育人，特别是对能闹的男学生漠不关心不问不闻，抱着只要你上课不捣乱就好了的心理。使学生感觉不到学校和老师的温暖，也学不到知识或者学不懂，还有部分老师急功近利，为了提高教学质量，布置大量课外作业，远远超出了学生的承受能力，而学生完成不了就采取不适当的高压手段。学校规章制度存在漏洞，特别是考核奖惩制度不完善，未把巩固学生的指标纳入教师和班主任的量化考核，致使部分教师为了追求几项教学质量指标（及格率、优秀率、平均分），少数班主任为了便于班务管理，对违纪和成绩差的学生施加压力而使其辍学。

很多家长对男孩子要求较低，仅仅是不惹事，不打架，而对学生提出考高中、特别是考大学要求的家长越来越少。很多农村家长表示，高中和大学学费贵，他们更愿意让孩子学习一点专业技能（比如开车、电工、修车、焊工等），而学习专业技能则是年龄越小越好。

随着外出务工的农民工数量增多，农村留守儿童大量存在。很多外出务工的家长一年才回家一两次，甚至几年才回来一次，留守男孩缺乏父母关爱，而临时监护人只管生活不管思想的做法更容易引发心理问题。留守男孩自尊心极强，易形成争强好胜、超前消费等虚荣心理；一方面，他们的父母觉得有愧于孩子，就想从物质上多补偿，这也就加剧了他们虚荣心的膨胀。崇尚物质享乐，好逸恶劳，情感冷漠使得他们抵制家长、老师的关心和教育，很容易在外界的引诱下走上违法犯罪的道路。

目前，即使在富裕起来的农村，初中生在继续求学的道路上也看不到多大的前途和希望。对于农村初中生而言，如果想继续求学，他们的最终目标很少是仅仅为了上高中，而都是为了上大学，因为具有高中学历和具有初中学历两者在社会上就业的相对优势并不明显，而要上大学就要进入比较好的高中（一般都是市、县重点高中），农村初中教育条件和教育水平远远落后于市、县，使得只有少数的农村孩子有机会升学进入重点高中，农村孩子在上大学的希望上感觉渺茫甚至绝望。而且当前大学毕业生严峻的就业形势给了"读书无用论"更充足的理由。

如此高的辍学率从近期看，给社会的稳定带来隐患。大量十几岁的青少年游逛街头，出入网吧，接触一些不良东西，由于缺乏对事物的判断力，他们很容易受到诱惑而做出违法的事情。两三年后，这批辍学青少年陆续到经济发达地区打工谋生。很多人在刚到法定婚龄或未到婚龄便匆匆结婚生子。其后果是：农村青年生育年龄提前；下一代的教育质量无法保障；一定程度上会加剧离婚率的上升。

从国家发展来看，农村高辍学率必将产生一大批新型文盲，从而制约我国向现代化发展的步伐。大批农村务工人员虽然为经济发达地区提供了廉价劳动力，但也给我国的工业从劳动密集型转向高新技术产业带来不容忽视的障碍。

在承德县头沟镇咏曼中学的实习小组，通过半年的工作也亲眼看到了那么多的农村学生辍学和流失，而辍学的学生里边有90％是男生。为什么会出现这种情况，实习小组针对此问题展开一次问卷调查，并对部分学生家长进行访谈。他们对学校初一、初二两个年级共349名男生发放问卷，共收回有效问卷325份，此次调查征得学校同意，得到领导老师和学生的配合，最后取得成功。本次调查对辍学的原因进行了分析，"农村偏僻"、"家离学校远"和"学习没兴趣不愿意学"分列选项前三位，而我们一般认为的"农民贫困"只居第四位，看来农村孩子辍学多，有我们的办学思路、办学条件和办学质量的问题。在调查中还看到了另外一种现象，从农村中学流失的学生并非都是辍学，有一部分学生转学到了城市封闭式私立学校。这就看出来，一部分有见识的农民在乎的不是钱，而是住宿方便、条件好、质量高的优质的教育。

问卷中我们得知：辍学生大部分都愿意重新返校就读，可是很多辍学生都住在边远的山区、半山区，距离中心学校多达10余公里，交通不便，学校又不能安排住宿，确实难以解决就学问题。

转入城市学校的学生一般不愿意再回到当地学校就读。他们认为：城市学校环境好，教学设备好，学科开的全，虽然有时受到城市孩子的欺负，很想家，也多花了不少的钱，可是学习成绩还是比在自己原来学校的时候强，为了自己的将来，还是坚持吧！也有的学生认为：如果原来的学校能改善条件，能安排住宿的话，即使比城市学校稍差一点，还是回来读书的好。

大名少林弟子武术学院是大名县一所文武兼修的武术学校，自1994年办校以来已有十六七年的历史。在校生包括文化生及文武兼修的武术生两种，由于其学校的特殊性故本次调研对象主要针对的是文武兼修的武术生。据调查，在办学之初，在校的武术生共有 1 200 人左右，但到目前为止，在校的武术生仅有 350 人左右，学生人数骤减，辍学现象严重，且在这 350 人中，男生占总人数的 90%。在这所学校，学生厌学情况非常严重。调查中发现有 90% 的学生不想读书，其中 78% 的学生成绩比较差。这些学生多数从小学开始就对学习抱无所谓态度，只要教师在学习上提出一点要求，他们就有不读书的可能。

一般而言，经济发展水平较低的农村初中的辍学率相对较高，平均高达 60.82%。以藁城县西关中学为例，每年的入学人数在 400 人左右，到升学考试时只剩 300 人左右，辍学率为 25%。其中男生占到一半以上。卢龙县潘庄镇中学实习小组调查发现，潘庄镇中男生共约 600 人，2010 年春季学期辍学 5 人，流失 16 人，辍学率为 0.8%，流失率为 2.6%。卢龙县是秦皇岛第二贫困县，人均收入较低。潘庄镇农民收入来源单一，大多以种地为生，靠天吃饭，没有多少副业，农民家庭一年净收入约 6 000 元。虽有国家九年义务教育的支持，但部分书本费和其他杂费还需学生自己负担。且有部分学生住宿，家庭还需负担生活费。这对于大多数农村家庭来说还是一项很大的支出，难以承担，所以学生流失。而在卢龙县另一所中学应各庄中学，通过访谈和调查问卷的调研方式，实习组对该校男生辍学和流失情况进行了分析总结。通过访问相关部门和学校领导，并在学校发放调查问卷，已初步统计出了该方面的现状：尽管从 2007 年开始国家实施了农村义务教育阶段免除学费和各种杂费，但义务教育阶段学生辍学现象仍然不容乐观。根据调查，该校在 2009—2010 年共流辍学生 30 人，其中 7 年级流失 13 人，并且他们都是在学校只了一学期，流失率为 4.3%，8 年级流失 17 人，流失率为 5.7%。过去，人们一直以为农村受重男轻女传统思想影响，女生辍学比男生辍学严重，但是从这所学校流失的学生男女性别之比约为 6∶4，2009—2010 学年辍学生中，初一、初二男生达到 28 人，占总辍学人数的 90% 以上，并且这种状况已经持续了很多年。农村义务教育阶段学生的辍学情况为：小学初级阶段辍学率几乎为零；在小学向初中过度衔接的时候，有一部分学生流失。辍学主要发生在初中阶段，辍学率随着年级的增高呈递增趋势，初三年级为辍学高峰。初中一年级平均辍学率低于 10%，初中二年级略高于 10%，而初中三年级则高达 19.45%。另外，隐性辍学的现象比较严重，有的学校为了提高所谓的升学率，降低统计报表中能反映辍学率的数字，实行了"分流"办法，甚至出现考试过后有些同学的成绩不计入总成绩的现象。

针对滦平二中八年级学生的辍学率和流失率所做的调查显示，这个年级平均每班有 10 个学生辍学，其中男孩占 8 个还多。据了解，其中原因是多种多样的。有的是一些同伴关系或师生关系出了问题，这种情况下只要班主任能与孩子多交流，真正地理解了孩子，辍学也许就能够避免。有的是因为基础较差，失败感太强。所以对于十几岁的男孩子来说，增强学习的信心比成绩更重要。

新河县振堂中学实习分队为了获取更加翔实的资料和信息，对初一至初三的师生进行系统的调查与研究。调研的重点是农村教育中出现男生辍学表面的原因与潜在原因，如何入手才能抓住主要矛盾，更好地解决实际问题。采用的方法：走访、问卷调查、现场采访、个别谈话、实地考察、文献资料。调查结果如图 5-1 所示：

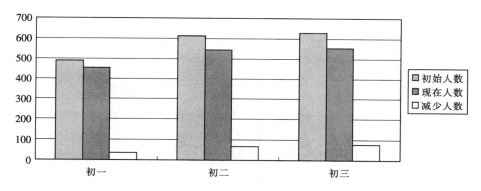

图 5-1　新河县振堂中学各年级初始与现在学生人数对比

如图 5-1 可知，各个年级都存在不同程度的人员流失现象：初一年级减少的人数最少，为 35 人，初二年级流失 67 人，初三年级减少 77 人。可见，振堂中学初一、初二、初三男生的辍学率呈随年级增高而递增的形式（如图 5-2、图 5-3、图 5-4 所示）。初一男生的辍学率为 1.6%，初二男生的辍学率为 2%，初三男生的辍学率则为 3.5%。由此可见，升学的压力与学校的辍学率是有一定关系的。

针对振堂中学存在的男生辍学和流失现象，我们共采访了 15 位班主任。班主任们普遍认为，学生选择辍学主要是由于个人学习困难或者厌学，许多学生，尤其是男生选择了早早地离开校园。此外，还有家里缺乏劳动力、受读书无用论影响、有网瘾、体弱多病和性格内向难以适应校园生活等。另外，大多数班主任都表示，家庭经济已经不是制约学生们上学接受教育的主要因素，因为现在的家庭子女人数越来越少，家庭的教育负担较之以前已经很小，因此只

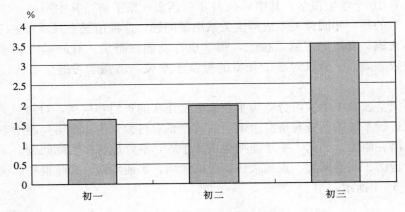

图 5-2　新河县振堂中学初中男生辍学率对比

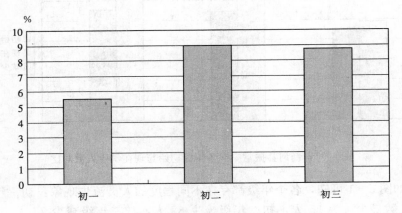

图 5-3　新河县振堂中学初中男生流失量对比

要孩子能读书、想读书，家长们大多不会因经济的原因而让孩子辍学。

　　邢台市新河县寻寨中学实习小组观察到，在这个有 13 个班级的镇级中学，有学生大约 500 人。以八年级二班为例，这个班刚开学时一共有 46 人，男生 20 人，女生 26 人，但"五一"假期结束之后，就剩下 36 人，辍学的 10 个人中有 6 个是男生，男生辍学率（辍学男生占全班男生的比例）高达 30%。而在七年级二班，在实习期间就有五六个男同学对实习老师说升八年级时就不上了。可想而知，到了新学期开始，男生的辍学率又会达到一个高峰。2007—2008 学年初中学生异动情况为：增加 110 人（其中转入 12 人，招生 98 人），减少 66 人（其中转学 20 人，辍学 46 人）。其中男生辍学 31 人，占近 65%。

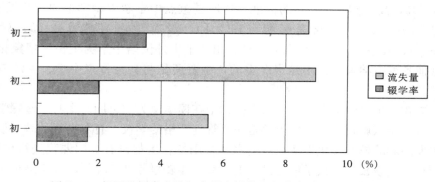

图 5-4　新河县振堂中学初中男生辍学率和流失量对比及其关系

　　宁晋县第三中学实习组就男生辍学和流失的问题，采访了该校初中部的主管校长——李校长，了解到了男生的辍学和流失的详细情况。宁晋三中初中部各学年度学生辍学时间主要集中在每学年第一学期的 11 月至 1 月，即学期的中后期。而学校最近两年学生辍学的基本情况如表 5-1。

　　在宁晋培智中学，2009—2010 学年度第一学期入学总数 732 人，截至 2010 年 6 月 15 日流失 14 人，巩固率 98.1％。本学期统计共减少男生 14 人中，包括辍学、休学、转学、入伍，若除去正常休学、转学、入伍所减少的人数，其辍学率不到 1.5％。

表 5-1　宁晋县第三中学近两年学生辍学情况

	入学 总人数	辍学总人数			年度 小计	男生辍 学人数	男生 辍学率
		七年级	八年级	九年级			
2007—2008 学年	723	45	13	15	73	26	5％
2008—2009 学年	720	15	6	11	32	20	4.4％

　　宁晋当地有较大的企业，用工较多，需求量大，待遇不错，对于文化程度要求不高。近几年大学生增多、就业十分困难的现实，使得部分家长和学生对接受九年义务教育失去了兴趣。

　　平山外国语中学实习组以本校七年级和八年级的男生为研究对象，采用以问卷调查为主、个别学生座谈为辅的方法进行数据收集，运用系统分析、数据对比进行数据分析，最后对数据进行整合分层次研究。平山外国语中学是平山县一所重点初中，每年重点高中升学率都排在同类学校的前列。通过对四个班的情况了解发现，在 246 名学生中总共有 16 名学生辍学或者擅自离校，比例为 6.7%，高于国家的 3% 的标准。这所县重点中学学生辍学的原因主要有：成绩不好（23%）、家庭影响（19.2%）、没有学习兴趣（42%）、就业（9.8%）、其他（6%）。从数据不难看出，平山外国语中学男生辍学现象相对于其他乡镇中学来说并不是很严重的，主要还是与其为重点中学、生源较好有关。

青龙三星口中学实习小组以本校初中在读学生为主，同时也对一些辍学学生进行了访谈调查。三星口中学是一所管理严格的学校，有着良好的教学设施和多姿多彩的校园文化生活，对美术和音乐特长生都设有专门课程进行培训。从调查看，该校男生辍学情况是：七年级男生辍学率为 5.7%，八年级男生辍学率为 11.5%，而九年级男生辍学率则高达 20.4%。对辍学原因的调查结果如下：大部分的男生辍学是因为没有学习兴趣（38.5%）和学习成绩不好（33%），而因为家庭环境影响要自己选择就业、减轻家庭负担的占到 17%，觉得上学不是唯一的生活出路，而选择直接就业的占到 11.5%。显而易见，大部分的中学男生辍学是因为自己在学校学习中失去了兴趣，没有学习的积极性，从而对自己在学校学习中取得骄人成绩逐渐丧失了信心，导致了退学。

饶阳二中实习组的调查结果显示，七年级的辍学率为 1.3%，八年级为 2.2%，九年级为 2.8%，辍学原因主要有 4 个方面：①学习缺少动力，学习缺乏兴趣。②学习困难。③因违纪被开除。④家庭原因，如父母离异等导致学生丧失了继续受教育的基础。

官亭中学实习组调查发现，该校九年级入学人数为 253 人，而现在学校在读人数只有 204 人，有 49 名的学生辍学或流失。经过实习组的详细了解，在这 49 名学生中，辍学学生人数要远高于流失学生的人数，辍学人数为 41 名，流失人数为 9 名，辍学率高达 16.2%，流失率为 3.6%。现在的八年级，入学人数为 252 人，而现在在校学习人数只有 172 人。其中辍学人数为 71 人，流失人数为 9 人，辍学率高达 28.2%，流失率为 3.6%。八年级辍学率高居三个年级第一。刚入学不到一年的七年级，入学时有 168 人，现在还剩 155 人，辍学 13 人，辍学率为 7.7%。图 5-5 为初中三个年级学生辍学率、流失率对比。

据衡水市饶阳县合方中学实习组调查，在 2007—2008 学年度中，该校入学总人数 323 人，辍学总人数为 73 人，其中七年级 45 人、八年级 13 人、九年级 15 人，男生 47 人、女生 26 人，辍学率超过了 20%，男生占总辍学人数的 64.4%。在此年度之前每年学校的辍学率均超过 10%。在 2008—2009 学年度中，该校入学总数 220 人，辍学总人数 32 人，其中七年级 15 人、八年级 6 人、九年级 11 人，男生 20 人、女生 12 人，辍学率 14.6%，男生占辍学人数

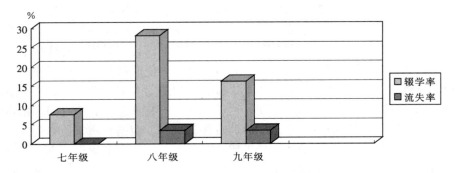

图 5-5 初中 3 个年级学生辍学率、流失率对比

的 62.5％。在 2009—2010 学年度中，第一学期入学总数 122 人，截至 2010 年 6 月 1 日流失 34 人，包括辍学、休学、转学、入伍，若除去正常休学、转学、入伍所减少的人数，其辍学率超过 15％。

饶阳中学实习小组采取用调查法和访谈法，在高二随机选取几个班级，发放学生问卷 141 份，回收有效问卷 130 份。通过了解发现，当地男生辍学和流失的情况有两种：一是男生由初中升高中时辍学率为 38.2％，流失率为 16.3％，二是升入高中后在上学期间的辍学率为 6.7％，流失率为 2.1％。一部分男生初中时成绩并不理想，觉得上高中也没有什么好出路，还不如出去打工挣钱；或者自己不想上学了，觉得在学校反正也不学，呆着太压抑，干脆不上了。这两部分人占了辍学男生的绝大多数。而流失的男生中，有一部分觉得自己成绩不好，上高中也不会考上好大学，还不如上技校学一技之长，早些步入社会；另一部分人觉得外面的学校（如市里的高中）比县中名气大、升学率高，在那能有更好的发展空间，所以去外地求学。这两种情况是当地生源流失的主要原因。

饶阳县尹村镇中学实习组经调查发现，该校男生辍学及流失现象较为严重，辍学率高达 50％。通过采访学生家长以及学校校长，可将原因归结为两个方面。首先，从当地的经济状况来看，当地农民主要的经济来源靠种大棚菜，而种大棚菜需要较多的劳动力，初中阶段男生正是家庭中不可或缺的劳动力；其次，从当地对教育的重视程度来看，无论是学生自身还是家长都不以学习作为唯一的出路，因此对于学习成绩并不优秀的男生来说上学已经没有必要。

从苟各庄中学调查了解的情况看，这个学校男学生的辍学率为 4％。根据我们的调查数据，男生辍学有 36.25％是由于家庭因素造成的。一是家庭确实有经济困难，无力支付所有孩子就学的基本费用，所以只能牺牲男孩子上学的机会，毕竟男孩子外出打工的机会多，而且也比女孩子更适合在外打拼。在中国农村，男孩子被认为是家庭经济收入的重要支柱，往往在种种压力下被迫中途退学，帮家庭劳动或经商。二是家长短见。他们以自己的经历对待孩子的成长，因而对孩子的期望值不高，一看到孩子升学无望或对学习不感兴趣，就强迫孩子弃学从农、从工、从商，"早工作、早赚钱、早积累"。三是拼搏型家庭。个别家庭的家长正值事业中期，忙于工作，没有拿出应有的时间和精力教育孩子，没有很好地履行和承担应尽的责任和义务。四是有些家长看到现在很多大学生都找不到工作，受"上学无用论"的影响，认为上学也不会有很好的出路和前程，而且男孩子擅长学习技术，还不如早点子承父业，在家做生意或者学一门技术更实际、更有保证。

据沙河三中实习组调查数据，该校男生辍学率约为 3.68%，辍学主要由个人原因引起，如：对学习不感兴趣，不能融入学校环境等。还有部分学生认为上不上学无所谓了，反正没有"铁饭碗"，不如早辍学挣钱，落后的观念、短浅的眼光，使得一些学生丧失了求学的热情。其次是家庭和社会方面的影响，据调查，沙河地区矿业较发达，许多家庭都从事采掘业，一些家庭还拥有自己的玻璃厂等，家长忙于工作，疏于对孩子学习上的管教，造成了学生学习上的放任自流。

一名沙河农村的 14 岁男生，一年前从初一辍学后到北京打工。与他的交流中发现，他辍学的主要原因是由于沉溺于网吧游戏，学习没有动力，没有信心。交流中发现他个性倔强调皮，他说自己曾经有时会偷家里的钱去上网。家中有一姐姐，现已工作，收入相对不错。家中条件也可以。家长之所以送他到北京是希望他可以好好锻炼一下，不要以后好吃懒做。对于过早辍学，并不是很后悔，因为他认为自己不是学习的料，不如早点挣钱。

沙河市白塔二中实习小组以本校学生为对象进行调查，共收回有效问卷134 份。其中，有辍学想法的共 54 人，占 40.29%。总问卷中，男生 51 名，有 22 名男生有辍学想法，男生辍学倾向率 43.13%；女生 83 名，32 名女生有辍学想法，女生辍学倾向率为 38.55%。

沙河市十里亭中学男生辍学率高达 15%～20%，其原因主要在以下几个方面：厌学、懒惰、基础差、打架斗殴。个别学生认为学习没有用，而且也缺少自信，觉得自己学不好；还有一些学生基础不好，上课听不懂，导致恶性循环，自我放弃，更有甚者，宁愿在校园里闲逛或打扫卫生也不愿进班听课。另外由于男生较为冲动，打架斗殴事件时有发生，导致有些个性懦弱、内向的学生产生畏惧心理进而辍学，也有个别学生因为老师的体罚而放弃学业。

新城中学实习组调查了本校男生的辍学率和流失率，见表 5 - 2。

表 5 - 2　新城中学近三年男生辍学率与流失率

年份	辍学率（%）	流失率（%）
2007	37.8	7.8
2008	35.7	9.4
2009	33.8	8.3

顺平县高于铺一中实习组于 2010 年 6 月 25 日对该校学生辍学情况所做的调查表明，2008 年以来，高于铺一中辍学率一直高于全县平均水平，尤其是男生。到目前为止，初中一年级 4 个班，一班、三班、四班，没有辍学学生；二班 31 名同学，现有 27 名，辍学男生 3 名。初中二年级共 2 个班，一班共 55 名同学，现有 41 名，其中男生辍学的有 7 名。二班共 53 名同学，现有 41 个，其中男生辍学的有 8 名。初中三年级共 4 个班，一班 35 名同学，现有 21 名，其中辍学男生占 9 个。二班 36 名同学，现有 23 个，其中辍学男生占 8 个。三班 36 名同学，现有 24 名，其中辍学男生占 7 个。四班 36 名同学，现有 25 个，其中辍学男生占 8 个。初中一年级辍学男生占整体辍学学生的 75%。初中二年级辍学男生占整体辍学学生的 57.6%。初中三年级辍学男生占整体辍学学生的 64%。辍学男生占整体辍学学生的 62.5%。统计看来，所在学校男生的流失情况比女生严重。高于铺是顺平县有名的富裕地区，几乎家家户户都在做塑料生意，好多家庭拥有上百万的家产，家长对孩子的教育观念跟不上，他们认为男孩子上学没有多大用，能考上就上，考不上就在家帮忙做生意，所以家长对男孩子考学期望不大，对男孩子学习监管不够，导致男学生认为学不学无所谓。乡镇学生能承担很大一部分家务活，这与城市学生有较大的差异，同时承认家长对自己有溺爱的学生占 1/4 比例，接近了城市学生比例。

河口二中实习组以本校男生为调查对象，对男生辍学、流失的现象及原因进行了分析，结果如表 5 - 3。

表 5 - 3　河口二中初三年级男生辍学情况

年份	学生总数	辍学男生数	辍学率（%）
2008	180	12	6.7
2009	186	16	8.6
2010	152	8	5.2

虽然河口二中是该地区最好的初中，但男生辍学现象依然存在，究其原因，主要包括以下几个方面：①成绩不好，考学无望，大部分辍学男生都是从小学起在学习上就跟不上，久而久之，就放弃了学习，最终辍学。②家长持有读书无用的观点。有一部分家长认为，孩子应该早点步入社会，打工挣钱，以后盖房结婚，导致其孩子辍学。③与老师、同学发生冲突后辍学。青春期男生有极强的逆反心理，遇事易走极端，如果教师教育方法不当，很容易冲突，也可能是同学之间因琐事起冲突，导致男生不愿上学。

顺平神南中学实习组的调查显示，2010 年春季学期末，该校初三年级共有 82 个学生。其中男生有 33 个，女生有 49 个。而在初一和初二时，大概有120 人左右。期间共 38 人离开了这所学校，其中有 20 个男生。这 20 名男生中转学 8 人、辍学 12 人。其原因大概有几方面，首先，学校对教学抓的不紧，导致学生在文化方面很差。其次，学校对老师要求不严格，老师工作上马马虎虎，对学生管理松懈。导致有的学生不想学习，最后辍学；有的学生则是选择了更好的学校。有的学生家庭条件不是很好，学生为了家长，自己选择了主动辍学，为家庭减轻负担。

在臧村二中，实习组经过调查后得到的数据是：2005 年入学人数 386 人，到了 2008 年中考时，报名人数 293 人，减少 93 人，总减少率为 24.1%；2006 年入学人数 361 人，2009 年中考报名人数 208 人，减少 153 人，总减少率 42.4%；2007 年入学人数 330 人，2010 年中考报名人数 136 人，减少 294人，减少率 58.8%。在每一年减少的学生中，有相当大一部分为辍学，少部分为转学。

清苑藏村中学实习组随机对 20 名初中辍学男生进行了走访调查。其中有12 个孩子在春季"民工潮"中随父母或亲戚去了北京、广东等经济发达地区打工，有 2 个孩子竟连村子里的左邻右舍都不晓得他们及其家庭成员去向，另有 6 名辍学生随父母在附近县市厂矿企业学开车、打零工等。由此我们可知，他们不仅辍了学，而且还有去处，是社会容纳了他们的辍学。或者说，在某种程度上，是社会纵容了他们的辍学。

常屯中学实习小组朱麟同学在刚来到常屯中学支教的时候，除了教学任务外，还做了初三（3）班的班主任助理。刚接触这个班的时候，他觉得这个班很奇怪，班里一个男生都没有，只有 15 名女生，后来知道，这个班在初一的时候有 64 人，男女生比例大概是 1：1，也就是说初中三年期间从这个班上流失了 49 人，男女生都有，但以男生居多。在这所学校，无疑是女生比男生的学习成绩好，无论是从升学率、优秀率还是从合格率来说都是如此。而在农村，男生要更多地分担家务或者农活，多数男生由于这些原因无暇顾及学习，导致学习成绩普遍偏低，最后书读不下去自然辍学。

长屯中学实习生林丛所任教的班级是初一（2）班和（3）班，（2）班有学生 32 人，男生 16 人，（3）班有学生 28 人，男生 10 人。对于男生辍学的现象，（2）班情况正常，一个都没有流失，相比之下，（3）班由原来的 13 个男生减少到 10 个，也就是 3 个男生流失了。通过与各班同学的交流，林丛了解到：（2）班班主任管理方式得当，学生很尊重班主任，整个班级学习氛围较好。（3）班一个男生就是因为经常受其他同学的欺负而转学的，另外两个属于不想继续上学，回家了。通过调查还发现，男生不喜欢的学科最多为英语，其他学科是比较平衡的。对于这个问题，应该是农村教育存在的通病，不只男生不喜欢英语，很多女生也反映英语太难学，他们的英语成绩也普遍较低，甚至没有超过 50 分的，私下聊天的时候发现他们连 26 个字母都没认清呢。英语这一短板让一些孩子觉得无望升入好的高中，学习积极性受到很大的打击。该校初三年级共有 3 个班，每个班都是男生大大少于女生，初三毕业时共有 60 多个人，男生只有不到 10 个，一些对学习不感兴趣的男生在初二升初三时就已经流失。

霸州第二十中学实习组通过询问辍学男生的班主任来调查农村男生的辍学情况。据了解，该校初二现有 10 个班，而上学期这个年级是 11 个班。也就是说，从初一升向初二的过程中，有一个班的学生流失了，流失的学生中大部分为辍学。这是一所乡村中学，学校周边的治安状况差，经常发生抢劫、偷盗或男生被殴打、女生被骚扰的案件，学生缺乏安全感。经常有外校学生进入校园，甚至进入班级，严重干扰正常教学。学校领导老师管理不力，学校失去了应有的尊严。

威县高公庄中学实习组调查的情况如表 5-4。

表 5-4 威县高公庄中学初中男生流失情况

班级	开学人数	辍学人数	转学人数	合计	流失率（%）
七年（1）班	15	2	0	2	13.3
七年（2）班	10	0	0	0	0
八年（1）班	15	2	0	2	13.3
八年（2）班	11	0	1	1	9
九年（1）班	15	4	1	5	33.3
总计	66	8	2	10	15

从表5-4中数据可以看出，这所学校七八年级男生流失情况相对来说并不算严重，九年级辍学现象严重。高公庄中学近三年生源也在不断减少，如表5-5所示。

表5-5　威县高公庄中学2007—2009年学生减少情况

	年初 在校生	年末 在校生	学生 减少人数	减少的原因		
				自然减少	转学	辍学
2007	278	269	9	12	2	7
2008	254	239	15	14	4	9
2009	242	221	21	12	7	14

由于计划生育政策的执行，高公庄中学也跟其他地方一样，出现生源自然减少的情况。与此同时，流失的学生人数却在逐年上升。

实习组还对现有学生的辍学与转学意向进行了问卷调查，共发放问卷56份，回收56份。结果如表5-6。

表5-6　威县高公庄中学初中生辍学与转学意向

	回答	人数	比例（％）
独生子	是	26	46
	否	30	54
辍学想法	有	34	61
	无	22	39
转学想法	有	27	31
	无	39	61

令人吃惊的是，在这个学校里，有61％的学生有辍学想法，而有转学想法的为31％，这和我们实际观察到的流失的学生中辍学多于转学的现象是一致的。有辍学想法的学生，在选择辍学原因时，50％是想早点就业减轻家庭负担，20％觉得反正考不上大学，继续读书前途渺茫，30％选择的是受亲戚朋友影响，没有一个人选择是对学习失去兴趣而辍学。

根据调查，我们得出结论，在农村计划生育取得显著成果的今天，父母对独生子女上学基本是持支持态度的，而最终造成辍学的原因很大程度上是社会特别是农村广泛传播的"学习无用＋功利主义"的影响——反正也考不上大学，还不如早点就业，分担家里的负担。

农村初中学生大多结成人数不等的非正式群体，他们之间有较多深入的交流，群体归属感比较强。一旦群体中的个别成员退学，其他成员心理上就会受到影响："一个是对学习的影响，离校的学生在社会上的悠闲自在、'潇洒'，使其他还在校的群体成员产生对社会生活的向往，无心向学；一个是对群体归属感的影响，在校的学生会感到自己与离校学生的疏远——尤其是在学生'拉帮结派'现象严重的初中校园——为了维持群体关系，不少学生选择退学以维持一种青春期的群体归属感。"所以，农村初中学生辍学存在很多"成群结队"的现象。平山三汲中学顶岗实习生鲁慧在总结自己的实习体会时讲道："我就亲眼目睹了一批批学生离去，实验班情况还算比较好，在这一个学期流失了4名学生，而在普通班，人数从116名减到90名，尤其是在期中考试后，有个班一下流失掉10个学生，他们纷纷选择了外出打工……辍学现象触目惊心，令人堪忧。"

目前农村出现的"初二辍学高峰"现象就是最直接的表现。初中学生到初二以后，课业难度增加，学生的学习情况开始出现明显分化，一些成绩落后的学生及其家长就会选择放弃。此外一些家长法律意识淡薄，许多农村学生家长没有把孩子接受义务教育看成是自己应尽的义务，而是把孩子上学读书看成是自家的私事，不知道什么是九年义务教育，不知道有《义务教育法》，更不知道不送子女完成义务教育是违法行为，放任子女辍学，甚至迫使孩子辍学。

清河县第二中学是一所县委、县政府鼎力支持，有着优良传统、优异成绩和良好社会声誉的县重点中学，是清河县唯一一所市级名校，对周边区县市有着辐射作用。它有着优良的师资水平，严格的教学管理，良好的教学设施和多姿多彩的校园文化生活，并且取得了不凡的教学成绩。在调查中发现，该校的男生辍学率较低，但是还有一些男生在没有完成九年义务教育情况下选择退学。主要原因是没有学习兴趣（39.5%）、学习成绩不好（32%）、就业减轻家庭负担（18%）、上学不是唯一的生活出路而选择直接就业（10.5%）。

清河县油坊中学实习组在本校七八两个年级里各随机选取两个班级，对男生辍学与流失情况进行了统计，如表5-7。

威县张庄中学在2009—2010年度，入学总人数328人，流失总人数13人，流失率2.4%，其中男生流失8人，占总流失人数的61.5%。

元氏实习团队20余人参加了调查研究活动，累计有20多个工作日，与学校校长和教师访谈400余人次、与学生座谈700多人次，掌握了当地农村教育的基本情况。同时还走访了农民家庭300余户（其中有子女辍学的家庭100多户），深入调查了农村家长对子女受教育的态度，并把有代表性的个案进行了整理。辍学主要发生在初中阶段，辍学率随着年级的增高呈递增趋势，初中三年级为辍学高峰。在被调研的农村初中，初中一年级平均辍学率低于 10%，初中二年级略高于 10%，而初中三年级则高达 19.45%。

表 5-7 清河县油坊中学男生流失情况

项目 \ 班级	七年级		八年级	
	七年级 (1) 班	七年级 (2) 班	八年级 (1) 班	八年级 (2) 班
初中入学时人数	44	43	58	57
初中入学时男生人数	24	22	26	20
目前班级人数	32	33	34	35
目前班级男生人数	16	17	18	14
流失率	27.27%	23.26%	41.37%	38.60%
男生流失率	33.33%	22.73%	30.77%	30.00%
不同年级男生流失率	28.26%		30.43%	

　　长期以来，我国北方农村地区教学落后，教学质量低，方法和手段简单陈旧，部分老师工作不负责，只教书不育人，对学生心理感受漠不关心，体罚与变相体罚严重，从而导致了学生厌学、逃学而流失；初中男生的自尊心强，好奇心强，好斗心强，逆反心强，对外界的诱惑的抵抗力低下，容易受同伴行为影响，很容易染上诸如抽烟、喝酒、上网、赌博等恶习，而造成学生被动流失或主动流失。从教育公平理论的角度分析，高辍学率既是教育过程中学生享有教育条件不均等的直接后果，又是学生学业成功机会不均等的典型标志；从教育经济学的角度分析，高辍学率增加了教育成本，浪费了教育资源，损害了成本效益，反映了教育产出率低下；从社会发展的角度分析，高辍学率导致大量文盲、半文盲流入社会，直接影响了社会经济文化发展进程。尤为严重的是，长期的高辍学率不仅使家长及辍学生放弃了受教育的权利，同时也引发了社会对《义务教育法》等相关法规的漠视，把不执行教育义务视为自然。这不仅加剧了已有的不平等，还会促成新的教育机会不均等。

第六章　两性发展的身心差异

"每个人有三种年龄：历法年龄、生理年龄和心理年龄。"首都师范大学心理系李文道博士说。历法年龄是指一个人从母体降生开始，按年月累计的年龄，它反映了一个人出生后的时间长度。生理年龄是指人的生理实际成熟或衰老的程度。心理年龄是指人的心理实际成熟或衰老的程度。

"男孩子在生理年龄和心理年龄的发育方面明显晚于女孩。"李博士说。比如，女孩的神经系统整体比男孩成熟得早一些，她们的手眼协调动作更灵活、更准确，平衡性也更好，在男孩写字还歪歪扭扭的时候，女孩早就可以写一手漂亮的字了。

不少家长觉得，男孩子小时候成绩不好没关系，因为他们慢慢地会赶上来的。确实如此，过去，女孩子可以称霸小学，但是到了中学男孩子就会赶上来并迅速超过女孩子。但是现在，男孩的这种后劲儿似乎没了，他们不仅在中学的时候没有赶上来，甚至到了大学仍然落后于女生。

一些男孩子在年龄增长之后仍然没能"迎头赶上"，并不是他们真的不行，而是"这种失败性的评价可能已经形成他们终身性的自我评价"。李文道说，"他们把'学习不好'看成了命运，从而造成了一种恶性循环。"很多男孩子被无情地贴上了"差生"的标签。华东师大教育科学学院教授、博士生导师张华认为，男孩教育和女孩教育首先是两种有差异的儿童文化。"既然有差异，我们就不能简单以女孩为标准来衡量男孩，或者反过来以男孩为标准来衡量女孩。"

男生和女生的差别是天然的，但是在教育过程中，我们逐渐忽视了这种差别。我们不是说要特意地保护男生或者女生，而是说教育怎样能更好地尊重性别差异。男孩教育应该受到关注，因为男孩在整个基础教育中，学业容易失败，学业成功率往往没有女生高。有专家指出，追求公平、要求统一，这是以一样的标准来教育男生女生，而这个标准更利于女生学业的成功。

人类在进入现代之前，是肌肉和力气的时代，谁拥有这些就拥有了权力；进入现代社会后，虽然机器代替了肌肉，但是像起重机、推土机等等，还是力量的符号，男人仍然具有优势；现在是后现代社会，是信息化时代，谁拥有灵巧的手指和缜密的思维，谁就能统治世界。从这一点上来看，女性丝毫不比男人欠缺。我们这个世界已经越来越不需要靠体力来维护男人的地位了，这似乎意味着男孩的行为方式和做事的技巧已不适应这个现实社会了，他们必须把自己的精力和体力转移到社会许可的领域中去，他们必须有一定的语言技巧和情感处理技巧才能在这个社会上找到恰当的位置。

1. 脑的成熟

根据研究：女性发育比男性早 1～2 年，脑的成熟也相对较早。所以对于同龄的男女儿童来说，他们大脑之间差别无数，主要有：

（1）女性大脑半球之间的连接（医学上称为胼胝体，即连接两个半球的神经纤维束）比男性发达，所以中风的女性比男性恢复的也快，因为当女性大脑的部分结构遭受破坏时，脑半球之间丰富的连接能够代替被破坏的部分继续工作。对于女孩来说，两个大脑半球间能够进行更多的交叉信息处理，可以同时同质量地完成多项任务。而男孩同时只能做一件事。比如：男孩在玩的时候或者做别的事情的时候，老师、家长叫他，他就像没有长耳朵，很多男孩为此遭到老师和家长的训斥。正因为如此，男孩往往对某些活动产生抵触情绪，比如造句和拼字，在进行这些活动时，他们只用一侧脑半球思考，而女孩却可以用两侧半球同时思考，通过核磁共振成像（MRI）脑部扫描技术可以清楚地看到这一点。女孩的整个大脑都在活动中，而男孩只有一侧半球在活动。

（2）男孩血液中的多巴胺含量较多，流经小脑的血量更多（多巴胺可增加冲动和冒险行为的概率。而小脑是控制行为和身体行动的。流经小脑的血流量多，小脑就比较活跃，所以男孩就爱动）。这些因素导致男孩在静坐和久坐的过程中学习能力总体上不如女孩。男孩更有可能从肢体运动中学习。男孩大脑血流的总量较女孩少 15%，男孩的大脑需要更多的"睡眠状态"，在课堂上精力不集中、未完成作业、不做笔记或睡觉现象男孩居多。

（3）女性大脑结构中，有两个区域专门负责语言，这两个区域的面积比男性的大脑语言区域大 20%～30%，这也是为什么男性在听说读写方面存在困难的人数远远多于女性的原因，男女儿童存在语言方面障碍的比例高达 4：1。但是男生思维中枢比较发达，所以男生理性思维比较强。

（4）女孩在颞叶中拥有更强大的神经连接，促进了更多复杂的感知记忆的存储，以及更好的听力，所以女孩对声音的语调特别敏感。而男孩则较少听到回响在耳畔的声音，特别是当声音以语言的形式出现时更是如此。所以用听课的方法进行学习的时候，男孩就没有女孩的效果好。男孩需要更多的触觉型的体验，以便激发大脑学习的积极性。比如说那种动手又动脑的学习方式就比较适合男孩。

（5）男孩与女孩大脑中的海马（大脑中的一个记忆存储区）的工作方式也不同。男孩需要更多的时间才能记住课堂上讲的内容，特别是写出来的文字内容。所以背课文对男孩来说是件更困难的事。但是，因为男孩的海马更偏爱序列，在记忆大量序列和层次分类（如：要点、子要点、子子要点等）的信息时就非常成功。

（6）男孩的额叶没有女孩活跃也没有女孩发育得早，所以，男孩容易作出冲动的决定。这种冲动，会使男孩在进行户外独立学习时效果更好。而我们是让很多孩子在一个狭小的教室里固定在座位上学习，男孩的学习效果就大打折扣了。

（7）男孩的右脑较为发达，这样右脑发展的优势使男生的空间知觉能力、数学能力较强，自然科学成绩优于女孩，对机械能力的掌握也较女孩有很大优势。所以遇到需要操作的事情，他们会立即着手去做，而此时大多数女生可能还在那里沉思呢。但是左脑欠发展使男生在言语表达能力方面逊色于女生，他们需要付出额外的努力才能调动大脑的左半球，才能找出合适的词汇来形容自己的感受，当然，这样语言学科成绩也就相对要差一些。

（8）男孩的大脑与女孩大脑相比，更多地依赖动作，更多地依赖空间机械刺激。男孩天生更容易接受图表、图像和运动物体的刺激，而不易接受单调的语言刺激。

（9）男孩大脑中控制冲动的区域较女生发育缓慢，导致男生的自制力较差，在课堂上往往难以长时间专心听老师讲解枯燥的内容，他们更容易走神或做小动作。因而更容易违反纪律而遭到老师的批评或惩罚。

另外，与女孩相比，男孩智力发育大约晚 6～12 个月，在完成精细动作所需要的协调能力方面的发育尤其迟缓。具体来说，这些精细动作的协调就是指手指的能力，包括拿铅笔、剪刀和制作手工方面，男孩通常是比不上女孩的。因此对于绝大多数男孩来说，迟一点入学是唯一的解决办法。但是现在的学校教育制度对男女儿童的入学年龄并无区别性规定，无形中对男孩造成了压力，会让很多男孩觉得自己是学校里的"麻烦制造者"或"失败者"，他们好像无论怎样也改变不了老师心目中的调皮捣蛋的形象。

男生倾向于抽象思维，在对知识的学习过程中较多倾向于理解记忆，不太乐意机械记忆。在学习方法上，大部分男生采用兔型学习法，不同于大多数女生有计划的龟型学习法。他们想急于求成。学习态度上，怕苦怕累，贪玩，不愿学习。如果教师在讲课时说的太多，那么与女孩大脑相比，男孩大脑更有可能感到厌烦、分心、瞌睡或者坐立不安。

同样年龄入学，由于生理和心理的原因，女孩比男孩成熟得早，"懂事"得早，更易于听老师的话。而应试教育是在一个相对封闭的认知体系中进行知识传授与接受的量化考评，所需要的正是"听老师的话"。学校要求每个孩子都安安静静，优雅得体，温顺听话。现在一些学校和老师缺少必要的宽容度，不允许学生有一点点违规，强调要听话守纪律，以便于掌控。而男孩子爱玩、顽皮的天性，使得他们在行为规范方面比较"吃亏"。初中阶段的考试偏重于强调标准答案，当我们的考试更多的不是考查学生的创造性、发散性、创新性，而是强调它的标准、规范，要求在既定框架里做文章的时候，男女心理和生理天生的差异就可能使女孩子更占优势。男孩懂事晚，不守规矩，好奇冒险，很容易成为班级里的捣蛋鬼。越是具有创造潜力的孩子，越是好奇冒险，喜欢不走寻常路。如果他们的探索精神受到冷遇，在班级里遭到嫌弃，就非常容易促使他们在逆反心理作用下，走上与老师对着干的路子。于是，禀赋特异的男孩在小学高年级就被淘汰一批，初中时期又被抛弃一部分，到高考时成绩优秀的几乎都是女生了。

2. 内分泌

男婴在出生时体内的睾丸激素几乎相当于 12 岁时的水平，但在几个月后，其在男婴体内的含量就会下降到出生时的 1/15。在 0～3 岁左右，男孩体内的这一激素水平一直比较低，所以我们看到的是，蹒跚学步的男女儿童行为表现非常相似，几乎看不出性别差异。但是当男孩到 4 岁时，睾丸激素开始迅速增加，5～6 岁时男孩开始对运动、冒险、战斗以及需要大量精力的游戏产生越来越浓厚的兴趣。男孩到了 11～13 岁时，睾丸激素达到二三岁时的 8 倍，结果是男孩四肢突然开始增长。14～16 岁时，睾丸激素达到生命的最高值，这时他的全身神经系统都会发生根本性的变化，阴毛开始出现增长，原来白净的脸上冒出了绒毛和粉刺，强烈的性意识在他的头脑中挥之不去，焦躁不安、热情冲动时刻相伴。在这个过程中，男孩们的行为发生了很大改变，他可能一团混乱、无计划、好斗、精力旺盛，他可能根本无心学习，到处惹是生非。妈妈们会感觉到一个原来温和乖巧的好儿子，仿佛一夜间变了个人，不听话、顶撞，甚至一气之下离家出走。特别是把这样的男孩，放在以一群害羞的、顺从的女孩为背景的教室里，相信每个老师都会为此头痛不已。古希腊哲学家柏拉图形容青春期的男孩是"野性难驯的猛兽，难以相处"。至今他的观点仍普遍流传，学校里充斥着被老师和女孩们认为不停地惹麻烦和走极端的坏脾气男孩。

初中男生一般是 13 岁左右，正处于生理和心理急剧变化时期，是人生长发育的第二个高峰期。从生理上看，初中男生的身体发育很快，由于荷尔蒙的产生和增加，导致了男性第二性征的出现和性的逐步成熟。从心理上看，学生这时精力旺盛，感情强烈，易冲动，好奇心强，情绪也很不稳定。由于他们的快速成长，他们的自我意识增强和性意识觉醒。他们有了强烈的成人感，独立意识增强，渴望得到尊重。总想摆脱对父母的依赖，不再把老师、父母的看法当作权威。这时他们正处于一种心理的反叛期，逆反心理也特别重，因而容易产生抵触对抗情绪，顶撞老师和父母。随着性意识的觉醒，开始对异性关注和感兴趣，喜欢跟异性在一起，产生了"爱情"的萌芽，所以大多早恋也在这一时期出现。

由于体内雄性激素的分泌和刺激，男生天生喜欢运动的学习方式与教师现行的讲授教学模式很不匹配。由于成绩不佳或调皮捣蛋，男生常常不受老师喜爱，要么被忽视，要么成为批评和惩罚的对象。男孩和女孩不一样，这是不争的事实，但在教育过程中，学校教育却常常漠视男孩和女孩的差异，对于体内有高出女孩 15 倍之多的睾丸素的男孩，却要求他们保持与女孩一样的规矩，不要打打闹闹，这对于男生来说是根本不可能完成的任务。当一个男孩体内的每一根神经都催促他去跑去跳时，他却必须坐得端端正正，把手背在后面，听上 8 小时课，这是一种摧残。

睾丸激素使男孩精力旺盛，体格强壮，如果学校或老师能引导他们把精力放在做有意义的事情上，这些男孩就能茁壮成长，甚至表现出很强的领导力。我们不难发现，在学校里，那些最出色的学生很可能是男生，但是那些最不可救药的孩子也是男生。看来，由于睾丸激素的存在，男孩比女孩更容易向着两个极端的方向发展——"英雄"或"朽木"，而在此起决定作用的是学校、老师和家长，这些儿童成长中的重要他人，能给这些激素活跃的男孩以什么样的特殊帮助。

男生活泼好动，容易扰乱课堂秩序；男生成熟懂事相对较晚，容易闯祸、惹事。所以在现行的教育评价体系中，中小学阶段的男生得到的正向激励更少，受到的批评指责更多，不容易得到老师们的喜欢。

很多中小学老师对女生的第一印象是"比较自觉懂事"。相对女生而言，男生则比较贪玩，这让很多家长和老师感到无奈。由于网络等形形色色的诱惑，男生在青春期比较容易激动，比女生叛逆，并很容易误入歧途。老师们表示，男生叛逆的例子要比女生多很多，在学校违反纪律、不听话的学生也以男生居多。或许，这也是出现"男孩危机"的另一个原因。

3. 医学生理问题

男孩比女孩更易受到各类症状的影响，这其中包括自闭症、注意力缺失（多动症）和抑郁症。尽管确切的评估有赖于更全面的调查，但可以肯定的是，男孩患上此类症状的机率是女孩的数倍。要想找到这些症状与男孩问题间的某些联系，还得一一进行分析。

（1）自闭症。2007年2月，美国疾病防控中心发布的一项研究报告显示，有更多的孩子患上自闭症，比例高达1/150，而男孩的比例是1/100。这完全超出之前的预料。比如在以人均高支出、高尖端网络来防控自闭症发生而著称的新泽西州，每1 000个男孩中，就有16.8个患有自闭症，而女孩的比例为4/1 000。研究者排除了该州任何可能引发高患病率的环境因素。如果研究者仔细观察的话，就会发现其他州也存在着相似比例。"我们拥有较为灵敏的系统，加之我们所不幸挑选的许多典型案例使得新泽西州有如此高的自闭症发病率。"新泽西州自闭症研究主任沃尔特·萨哈罗德尼博士说。"如果其他州同样具备精确的研究能力，那么这个数字在任何地方都是一样高。"

美国国家自闭症研究协会精选各类理论加以研究，从而提出为何有如此众多的男孩被诊断为自闭症患者。自闭症呈现一个紊乱的频谱，范围由轻微到严重。患有轻微自闭症的女孩有可能为了适应自己的同伴刻意掩盖自己的病症，而同样层次的男孩则有可能较为明显地显现出来。也有研究者认为自闭症是对正常性别差异的过度夸大。与女孩相比，男孩更不善言辞。这就可以解释自闭症孩子在语言交流上的障碍为何更多地显现在男孩身上。

自闭症可能是遗传和环境诱因共同作用的结果。其中任何一个都可以作为解释男孩更脆弱的原因。在疾病预防层面，男孩先天就比女孩弱。在遗传方面，研究人员发现对于关键的X染色体，男孩仅从母亲那里获得而女孩则是从双亲处获得。在父亲的X染色体内的某些物质在一定程度上使女孩免受自闭症的侵害。最终该协会指出，关于男孩自闭症患者多于女孩的确切原因有待进一步确认。不管是出于何种原因，易发于男孩身上的自闭症似乎正在与男孩问题走向分离，后者关注的更多是身体健康的男孩为何对学校越来越不满。

（2）注意力缺失多动症（ADHD）。很多父母面对自己那极其好动或从来无法专心的男孩的时候，都会担心自己的儿子是不是患了多动症，这种症状在心理学上被称为"注意力缺失多动症"。在美国，报纸头版头条总是集中报道一些男孩在学校排队服用使注意力集中的药物诸如"利他林"（Ritalin）或其他药物之类的事情。据美国国家精神健康研究所预测，大约有 3‰～5‰的孩子患有注意缺失的症状，白人男孩患上注意缺失的概率是黑人男孩的 2 倍。大部分关于注意缺失多动症研究都发现，被确诊的患儿中，男孩是女孩的 2～4 倍。美国田纳西州有一项针对 8 258 名儿童所做的研究，对象从幼儿园到小学五年级，所有的学生分别就读于同一郡中的 6 所学校，约有 4%的男孩被诊断患有多动症，但只有不到 1%的女孩有相同的问题。以这项研究为例，在一个约为 25 人的班级中，就会有一名患有多动症的男孩。通过研究对比弗吉尼亚两个相似城市的状况后发现，10～11 岁是注意力缺失的高发期。有多达 1/5 的白人男孩在校期间服用药物。在某个城市，高年级学生更倾向于服药治疗，而在另一个城市则恰恰相反，几乎有 2/3 的低年级学生在进行服药治疗。对该问题的第一反应通常是"赶紧治疗吧！"在这种趋势下，不由得让人担心，成人任意将男孩视为需要"修理"的病患。

　　注意力缺失症的特征经常与老师和家长的抱怨不谋而合，像"他沉不住气，坐着的时候也动来动去，总爱丢三落四，""他从来不注意听别人说话，经常打断或干扰别人的对话，永远不能安安静静地玩"……与女孩相比，男孩显得比较吵闹和冲动，使男孩看起来患有注意力缺失症的比例高于女孩。其实，如果我们只用一个"多动症"概念来解释男孩们行为的话，就把问题简单化了，如果用心理干预或药物治疗来解决这个问题，我们可能就忽略了男孩的情感、亲子关系与教养方式其实是一项相当复杂和纠结的课题。

　　由父母和医生所采取的治疗措施是不可靠的，而教育者不断提出的治疗方案也不见效。在这三类人中普遍存在着这样一种误解和猜测：患有缺失多动症的孩子通常在学习上也是失败的。一组国际研究人员在对 1 000 个孩子进行调查研究中发现的事实恰好相反：那些在幼儿园时期就表现出破坏性和反社会行为的孩子在小学课业上并不比同伴差多少。大部分现在被认为是注意力缺失的男孩，过 15 年、20 年之后再来看未必如此，其中大部分的举动在正常男孩应有的范围内。

　　（3）抑郁症。"他不像以前那样常打电话给朋友了，他对每件事都表现出无所谓的态度，每当我问他怎么了的时候，他都会叫我少管，他一天到晚几乎都没有高兴的时候……"这是我们听到的一位 14 岁男孩母亲的困惑。有时候我们很难分辨什么是一般的"不开心"，什么是抑郁症。十几岁的青少年心理变化很快，很多改变可能都在一夜之间发生。对于大多数男孩来说，青春期的情绪高低起伏是很正常的，大部分人可以在不对自己或他人伤害情况下成功地度过这段时间。不论低潮的心情有多么令人不安，这些负面的情绪不等于抑郁症。但是因为现代青少年患有抑郁症的比率越来越高，我们必须对其投入更多的关注。

抑郁症病人最明显的感受通常是觉得孤独，觉得自己不被人爱。生活毫无生气，经常处于焦虑的、总是提心吊胆地防范有什么可怕的东西会出现的状态。与之伴随而来的还有一些负面的情绪，如罪恶感、羞辱以及自认毫无价值。抑郁症患者会自认自己该为所有的问题负责，因为他的存在是没有价值的，类似的思考方式让患者更难以逃脱忧郁的纠缠。

许多忧郁的男孩是非常聪明的，但在抑郁症的阴影笼罩下，这些有天赋的男孩们却无法好好发挥他的才华，他总是看到自己的弱点和失败。有时抑郁的男孩是很难被察觉的，他们不一定表现出伤心或忧郁的样子，反而表现出愤怒、敌意和反抗。他会大发脾气，一生起气来乱丢东西。最致命的结局是，忧郁、羞辱、情感的压制，加上男孩们身上普遍易见的冲动性格，如果再能轻而易举地获得致命武器的话，他们很可能去用暴力解决问题，或者去伤害自己。有统计表明，与过去相比，有越来越多的男孩自杀。有一项结果令人震撼的调查，在尝试自杀的青少年中，女孩所占的比率高于男孩，比例约为 2∶1，但真正自杀成功而身亡的却是以男孩居多。在童年期与青春期，不论在哪个年龄层，男孩的自杀死亡人数都高于女孩。不管男孩或女孩，一个孩子会自杀都是一个悲剧，但男孩占绝大多数这项事实，显示男孩的情绪反应出了问题，他们比女孩的风险更大。

美国学者杰依·卡拉汉（Jay Callahan）博士在急诊室从事心理治疗服务多年，与自杀未遂者相处了近十年。他说，自杀未遂后活了下来的男孩很多人都不能清楚地说明自己的感觉，他们根本不了解到底是什么情绪让他有了生不如死的感觉。特别是青春期的少年，他们很可能只是把企图自杀作为结束某件难熬的事的一种手段。可见，一个男孩有了困惑又无处诉说，是诱发抑郁症的最直接动因。一个忧郁的、无助的男孩，因为悲伤而被孤立，等到情况恶化成抑郁症后，更没有人想要接近他。他得不到有效的关注和治疗，阻断了其心理情感与社交的成熟。长此以往不仅可能引起更严重的抑郁症，而且童年时期的悲伤记忆将会持续，使得患者日后倾向以悲伤的眼光来看待他的生命与整个世界，严重的最终走向伤人或自伤的地步。

4. 智力因素

男女学生在智力方面的差别主要表现在：

（1）感知觉。女生的感受性较高，嗅觉、触觉、听觉较强，男生则视觉较强。由于具有较强的视觉空间能力，男生分析物体运动的空间表象力优于女生。在记忆方面，女生一般偏重于机械记忆和形象记忆，记忆面广量大，易遗忘。男生则倾向于理解记忆和抽象记忆，记忆深入持久。在注意力方面，女生注意力多定向于人，人际关系比较敏感并能很快顺应这种关系的变化，在听课时容易受老师情感的影响并能主动与老师配合。男生的注意力多定向于物，喜欢探究物体内部构造的奥秘。在思维品质上，女生偏向于形象思维类型，主要依靠表象间的类比和联想，富于想像力，但思维的灵活性不够，理解力较差。男生偏向于抽象思维类型，主要依靠概念进行判断、推理演绎、归纳，思维的灵活性好，理解力较强。在思维方式上，女生倾向于模仿，处理问题时注意部分和细节，对全局和局部之间的关系把握较差，男生则相反。在操作技能方面，男生由于倾向于"物体定向"，对事物的结构和功能感兴趣，喜欢对其拆卸安装甚至改装。在物理学习中动手能力较强，乐于探索，有较高的创造性。女生由于倾向于"人物定向"，对无生命的物体不大感兴趣，也很少对之进行探究，所以动手力较差。

（2）记忆力。尽管心理学上，对于男女学生在记忆力方面的差异性没有系统的研究和结论，但许多中学老师根据自己多年的教育经验，认为中学生，尤其女生在识字背书、背公式定理等方面，不仅记的速度优于男生，而且比男生记得要牢固、要持久。这种差异是由学习态度所致还是由于生理原因？这当然有待于心理学家和生理学家的研究。

（3）语言能力。女生的语言接受能力优于男生，据有关资料表明，从小学起，男孩在读写能力发育上就比女孩晚两年，甚至连手部神经都比女孩发育得晚。然而人们往往要求男孩和女孩在相同时间内以同样的方法学习同样的知识。

（4）注意力。注意，是心理活动对一定客观对象的指向和集中，注意是人的认知活动必不可少的前提条件。注意力的集中与否，影响人活动的效果。调查表明，女生的注意力比男生集中，是导致女生学习成绩优于男生的一个重要因素。许多中学老师根据自己多年的教育观察认为，有80％的女生上课能集中注意力，而只有60％左右的男生上课能集中听课。这种注意力方面的差异，还表现在男生更容易受外界事物的诱感，把学习兴趣转移到其他活动上去。比如，许多中学的男生，喜欢进电子游戏厅，喜欢踢足球，正当的爱好当然无可非议，但是，问题就在于这些男生上课时也在想着玩，不能把注意力集中在学习上来。

从生物学角度来说，一个男孩一天大约需要4次课外活动，但事实上能得到一次就算不错了。而在河口一中这所乡镇中学，我们了解到，孩子们一周只有两节体育课，并且没有任何的课外活动。课间的十分钟对于这些爱跑爱跳的男生来说更是短暂，常常是上课铃都响过了，他们才恋恋不舍地从操场上跑回来。

（5）思维方式。女生更愿意服从权威，也更乐于接受现成答案。小女生们会认为你是我的老师，你有这个权威，或者大家都这样看，她也可以接受，至于这个答案对不对并没关系，她只是要跟大家保持一致，所以女生的学习类型是关系型的。男生是事实型的，而且即使是事实，他也要怀疑。典型的男生，他喜欢质问你，他喜欢跟你折腾和比试，看你是不是真的有能耐来让他服气。这时老师的普遍反应就是：这孩子很讨嫌，不乖，烦人。孩子向老师挑战，不给老师面子，不配合老师的任务，所以，老师一定会压制他，强迫孩子接受他的结论。因此老师如果不了解男女生的这种特点的话，就会用错误的眼光来看男孩。特别是小学和幼儿园老师基本上都是女性，很自然地以普通女生的观点来看待问题，男孩就会受到压抑。

男生天生是怀疑分子、好斗分子，男孩子跟人接触的第一件事情，就是他要评定你是否比他强，是否能够搞定他，考量你有多高的水平，能不能识破他的花招。也就是看你是不是够厉害，是不是能让他佩服。如果你能够让他佩服，他就会把你当作头领和统帅一样，你说什么他就干什么，甚至你让他完成很艰苦的任务，他也会把它当成命令，像个小士兵和一个忠实的追随者一样，老老实实给你完成任务。所以好的老师就是能够让小孩子从心底里面敬佩的老师，如果有这个效果，老师教的任何课程他都会认真地学习，就算很困难他也使劲学，因为他要服从命令。但是他内心的愿望是什么呢，就是先学习你，将来超越你，克服你，自己来当头领。所以男孩的学习模式就是挑战和超越型的。

我们这里就发现：传统的体制下，学校里面真正比较具有男性特质的孩子，最终会被体制所排斥，排斥的方法就是两种，一种叫强行压抑，老师把家长叫来教训，家长一看老师急了，回家也配合老师教训孩子，小孩子面临内外交困，只能强行压抑自己，把自己变成女性化了的男生。还有一种情况是，家长在孩子面前也没有权威，孩子继续抵抗，消极和积极地抵抗，最后就变成了我们这个社会的问题学生。中国有数千万的问题儿童。所以当我们质问中国的男子汉哪里去了，大家这里已经找到答案了。

5. 非智力因素

调查研究的结果表明，造成初中男女学生成绩差异的原因一方面是由于他们的观察力、思维力、想像力、记忆力等智力因素差异，更多的是由于他们在兴趣、爱好、学习目的、学习习惯、学习意志力等这些非智力因素方面的差异。这些非智力因素的差异具体又表现在：

（1）学习的自觉性。教学活动中，教师的教是外因，学生的学是内因，而积极主动自觉地去学又是学习取得好成绩的一个关键。男生学习的自觉性比女生差，这是造成男女学生成绩差异的又一个重要的非智力因素。许多中学教师反映，男生的学习活动，经常要靠父母、教师施加压力才能完成或维持，男生常常不完成作业，不遵守作息时间。成绩和名次对他们的心情几乎构不成影响。男生的学习不自觉，这是令许多家长非常头痛的事情。对于许多中学生来说，学习的物质环境、文化环境都非常优越，而在如此优越的求学环境中，不能搞好学习，其根本的原因就是缺乏学习的自觉性。因为缺乏学习的自觉性，学习活动也就变得浅尝辄止，一遇到困难，就退缩不前。而许多女生，能够克服学习上的困难，取得好成绩，就在于自觉性强，发挥了学习的主动性。

（2）学习态度。女生比男生的学习态度更端正。积极的态度，对人的行为产生推动力；消极的态度，则阻碍人的行为。学生的学习态度，制约着学生的学习行为。调查表明，在初中阶段，女生的学习态度比男生更端正。大部分女生，对学习抱着严肃认真、一丝不苟的态度。这种态度使女生在学习活动中，积极主动，刻苦钻研；而大部分男生，对待学习则持无所谓的态度，这种态度，导致他们在学习活动中怕苦怕累，不按时完成学习任务，使他们的学习成绩落后于女生。

（3）向师性。女生比男生要强，也更在乎老师对自己的评价。我们知道，向师性是中学生，特别是初中生的一个心理特点，即他们在教学活动中，以教师为中心，崇拜教师，对教师的话言听计从，这对中学生接受教师的影响有着积极的作用。但这种向师性，男女学生比较起来，女生又更胜一筹。女生的向师性强，是造成女生成绩优于男生的一个重要因素。这种向师性强，表现在女性更容易接受老师教诲，遵守校规校纪，对于老师布置的作业，不折不扣地完成，更容易领会老师的教学意图。因此，许多教师反映，在课堂教学中，老师对女生教学的效果更好。

6. 男孩爱读什么样的书

有的家长问"为什么我家儿子不喜欢老师或家长给他推荐的书，喜欢看那些漫画，与科学有关的书呢?"这是男孩的荷尔蒙、神经性、心理特点和他们的大脑所决定的，他们只喜欢他们感兴趣的书。2004 年，美国马里兰州的一些阅读专家设计了一个专门针对那些不愿意读书的男孩们的阅读项目。对那些成功男读者的采访显示，他们通常在小时候对漫画书着迷，六年级时兴趣才转移到更广泛的领域。五年级老师罗纳德·伍登（Ronald Wooden）在教学中加入了漫画书籍和生动的小说。"我把它们看作同其他文学作品一样。它们有故事和角色，就像你在其他任何文学作品中看到的一样。"伍登说，"男孩的大脑很有空间感和竞争性，当他们看漫画书的时候，你会发现他们有很多动作。"他认为，男孩通过动作可以弥补文字阅读的鸿沟。

大多数男孩喜欢读充满空间—运动知觉活动的书，如：恐怖电影、科幻小说、体育传记，还有那种令人兴奋、神秘、充满阴谋和在正义与邪恶之间最终决一死战的内容的书；技术或机械类的书，如科技类书；图解或视觉类的书，如漫画书。

只有当男孩进入大学时，他们的大脑发育趋于完成，这种现象才会消失。所以如果你想让你的儿子喜欢读书，就不要把你开的书单强加给男孩们。

如果在男孩的大脑能够理解语言模块的构建之前，向他们灌输阅读知识会发生什么？美国佐治亚州一所中学的副校长耶维特·吉尔（Yvette Keel）能够告诉你答案：一些男孩停止了学习，比如他的儿子艾伦。艾伦曾上了一年的学龄前学校，一切进展得很顺利，除了阅读。艾伦看起来抗拒着学校老师们想促进他阅读能力提高的任何尝试。二年级的时候，老师叫来吉尔并对她说："你的儿子不会阅读。"吉尔震惊了。她把艾伦从私立转到了公立学校，但阅读的问题依旧存在。"在家的时候，他从来不拿书本。夜晚时，如果该睡觉了但他又不困，他会翻一翻超人之类的漫画，但仅仅只是些具有高度视觉感的书。整个夏天他只读了两本书，其中一本是摔跤手自传，这便是通常的情况。如果他真的想干什么事情，他会立即开始，但如果是他不感兴趣的学校任务，他必然会失败。"在更高年级的时候，艾伦被诊断出患有考试焦虑症，后来是"处理过程空缺"——即缺乏音位意识的评价，意即艾伦从未学习过基本的阅读。在他的身为教育者的母亲看来，这应归咎于对阅读能力逼得太紧、开始得太早的缘故。"是否因为那时他的大脑正在发育，而我们却强迫他去做他还不能接受的事情？他停止了大脑那一部分的发展。"

童话大王郑渊洁说："我们的教育，就是给所有的学生穿上一样的鞋，然后让他们走不同的路。"他的话非常形象地说明了我们教育的特点，就是试图将孩子统一培养成接受标准答案的"听话"的孩子，这样的教育可能对女孩不会带来困惑，但对男孩会带来越来越多的问题。

我们通常说的性别歧视是指女性在职场和社会所受到的歧视。但在进入大学前，是男孩在受到性别歧视。虽然现在进行了新课改，一再强调要进行素质教育，但学校仍然在素质教育的旗帜下继续着应试教育之实。这在很大的程度上更有利于女孩优势的发挥，而男孩的优势相对容易被压抑。学校的教育重记忆、轻分析，重灌输、轻方法，纸上谈兵多，动手操作少。所以尽管男孩到初中阶段，逻辑思维、空间想像、动手动脑能力都明显优于女孩，但在应试教育的环境下，男孩不仅"缺少用武之地"，还被认为是"问题多的学生"，受到的批评多、打击多。男孩的特性在学校得不到发展。

在学校里，男孩的天性没有得到承认，他们被迫放弃自己的视觉和空间技能、运动技能。随着时间的流逝，男孩们变得"安分守己"了，但他们的特殊天赋也终于被钝化或扼杀了。很多男孩由于淘气、违纪和学习原因被勒令"请家长"。而家长呢，回家后就气急败坏地把儿子"修理"一顿，谁都没有意识到男孩的行为背后隐藏着深层的原因。可以说，我们的教育正在伤害着我们的男孩。

小　　结

1989 年在美国弗吉尼亚州夏洛特斯维尔（Charlottesville）召开的教育峰会上，各国首脑们敏锐地感觉到了即将来临的、激烈的国际竞争，并断言在这场新的全球角力中，胜利将属于拥有顶尖教育的一方。他们的改革方案将这一观点展现得淋漓尽致：中学的重点便是为大学做准备。为执行各国政要们的"让每个孩子都为崭新的经济现实做准备"的目标，教育工作者们将学习行为推行得愈来愈早。

在男女同龄入学的体制下，无论是生理发育，还是心理发展，女生都比男生普遍成熟较早。同龄学生中，女生相应地在学习上进入角色较快，起步较早，更加自觉、勤奋、刻苦，基础相对扎实，更多地占据学习上的有利地位。

过早地接受正规教育、特别是中国式的应试教育至少会对男孩产生三个方面不利影响：第一，把男生的优点给压制住了，比如男生思维活跃，喜欢动手、运动，但是我们的学校强调的是安全和安静、整齐划一。男生的这种本能的、天性的需求有机会释放吗？第二，放大了男生的缺点，好动的、活跃的男生很容易成为违反纪律的问题学生。慢慢地他就被老师看不起、被学校看不起。所以在学校里边，那些被认为是差生的十之八九都是男生。第三，男生更喜欢竞争和冒险，但是这种特质是不被学校重视和鼓励的。

我们在衡水市饶阳县合方中学的调查数据也证明了，男生女生天性差异显示在学习方式上的不同，有46.9％的男生表示喜欢上课互相讨论的学习方式，可是现在的农村教育仍是以教师讲课学生做笔记的满堂灌的方式为主，这种上课方式违背了男生的学习规律。在对男生的学习动机调查中，有52.3％的男生认为学习是为了上高中，突出反映了农村教育单一性、应试性、离农性和唯城市性这一非常不合理的培养目标。学习的评价方式倾向于考查学生的记忆力和对知识的呈现与反馈，而很难去评价、测量某一个学生解决问题、思维以及实践的能力。总的来说，这种评价方式更有利于女孩子的思维方式，这也就不难理解为什么学校里优秀的女生多于男生了。

男生和女生的差别是天然的，但是在教育过程中，我们逐渐忽视了这种差别，或者说我们的教育正在努力用一个统一的模式使男生和女生的差别无法显示，或者干脆变得没有差别，这也是为什么近些年来"假小子"式的野蛮女生和阴柔美的男生大行其道的原因。

第七章　需要检讨的教育因素

男孩的社会角色分工和功能定位，除了知识学习，更需要强壮的体魄，宽阔的胸怀，顽强的意志，以及对于家庭责任和社会使命的担当能力。这些品质，是我们目前的应试教育所难以有效提供的。如果一代或几代男孩中的大多数都变成身体虚弱、胆小懦弱、循规蹈矩的乖宝宝，那不仅是个人家庭的失败，也是民族国家的不幸。男孩危机危在教育，因此拯救男孩的关键是拯救教育。其实，男女孩的性别差异是正常的，之所以变成了不正常的，是因为教育忽略了性别差异，而这种忽略到了惊人的地步。如果不拯救男孩，女性社会必将到来。我们想要的是男女协调发展，男女协调发展社会才能和谐进步。如果不拯救男孩，让目前的教育状况顺其自然发展，如果男性过于衰弱，一则社会将失去平衡，二则对女性也是伤害，所以理智不能让我们在男孩危机面前视而不见。

我们目前的教育制度更像是为女生设计的，它经过一关一关的筛选，把那些不符合其标准的、最有活力、最有挑战性的孩子，作为问题小孩加以排斥。男孩要适应这个教育体制，在这个教育制度里生存下来，必须付出更大代价。

1. 教育目标狭窄

农村地区的中小学生，占全国中小学生总数的70％以上。如此庞大的学龄大军，不可能都升入大学。绝大多数农村学生，在接受过一定的学校教育后都要留在或返回当地。同时全面建设小康社会的奋斗目标，也要求必须大力提高下一代农村建设者的科技、文化素质。因此，无论从当前形势还是从历史使命来看，农村教育都应该以培养服务农村、建设农村的人才为目标。根据有关统计资料，从农村小学进入初中、考入高中，继而进入大学的学生仅为农村学生总数的15％；绝大多数的农村孩子，无论是初中、高中还是职业高中的毕业生，完成相应学业后都要回到农村。

由于政治、经济、文化等多种原因，长期以来城乡差距、城乡二元经济格局一直存在。在这种情况下，跳出农门、进入城市工作、有一个好的工作环境和职业就成为农家子弟上学的初衷和为之奋斗的目标，而接受教育是实现这种转化的首要条件。

在农村学生及其家长的心目中，学生上学的主要甚至是唯一的目的，就是考上高中、大学，走出农村，学校以及教师也积极鼓励学生向高一级学校"冲刺"。可以说，目前农村教育的培养目标，突出地表现为单一性、应试性、离农性和唯城市性。正是这种目标定位，使农村教育呈现出种种不合理的现象。例如，在教育评价方面，往往以升学与否以及升学的数量作为评价农村学校的主要指标；在教学内容方面，教材往往偏深、偏难，缺乏活力，脱离当地群众的生产和生活实际；在教学计划和课程设置方面，虽然教学计划规定农村小学要开设"农业常识"，条件差的农村初中可不开设外语，但许多农村地区教学计划的弹性却相当不够。一方面是实际情况决定了绝大多数农村学生不可能考入高中、升入大学；另一方面，学校、教师和家长却都把孩子能够考入更高一级学校当作是主要甚至是唯一的奋斗目标。农村教育与城市教育一样，沦为这一场以选拔为单一功能的竞赛的牺牲品。正是这种狭窄的教育目标定位，必然导致教育内容的空疏、单一和脱离现实，使得许多学生把上学视为无聊、无趣、无用和无望的事情。可以说，这是造成辍学现象屡禁难止的最深层的教育原因。

农村初中教育承担着两项任务，一是为上一级学校输送合格新生，二是为地方建设培养劳动后备军。就目前高中办学规模和招生数量来看，初中毕业后能进入高中继续学习的学生仅占30%左右，其余的都要回到农村或外出就业，因此，农村初中的主要任务应该是为地方建设培养大量合格的、具备了初步劳动意识和技能的新型的劳动后备军上。但是现在，农村初中学校教育目标定位过于单一，课程开设与教学内容很大程度上与农村生产和生活实际脱节，学生上完9年学回到农村，感觉不到学过的知识有什么用处。以升学为目标的教育，对于中国广大的农村来说，是脱离实际的教育。一个贫困县城，全县几千教职工，上亿的投入却只盯着几百个能升大学的学生，没有长效（产出/投入）意识。学生读书的目的都是"鲤鱼跳农门"，80%的落榜生回到家里肩不能挑，手不能提，文不能写，口不能说，连体力也没了，成了真正的废物。大班化现象严重，60~80人一个班，无法体现人本性和教育性。事实上，目前农村初、高中课程设置与城市一样，以升学为依据，缺乏农村教育的特色。这种纯知识传授型课程模式和应试型教学模式，使学生除感受到沉重的学习压力外，几乎很难体验到学习的乐趣，更谈不上培养和发展学生劳动与生存的基本技能、就业能力，造就农村经济建设者的基本素质。

在现实中，由于社会带给学校、教师的压力过大，中小学教育被迫卷入了追求升学率的旋涡，学校教育的功利性越来越强，其本质被扭曲。学校在很大程度上变成了"应试工厂"，教师成了生产"批件"的技术工人，学生成为被加工的"零件"和应试教育的"产品"，学校始终处于应付"应试"的高速运转之中。在这个过程中，部分教师变得麻木，教育教学方法越来越简单化、程式化、呆板化。而教师在教育工作中的浮躁情绪、急功近利、好大喜功、漠视学生人格尊严的倾向十分突出。

所以，农村中小学把升学作为主要的教育目标，就注定会使绝大多数学生饱尝学业失败之苦。学业的失败，不仅造成师生关系的紧张，而且是造成农村学生厌学、逃学进而辍学的直接心理原因。据一位初中教师分析，辍学的第一次高峰发生在初一第二学期：初一新生的学习欲望很高，但因为初中课程门类多、难度大，学校缺乏对学生的学习指导，使一部分学生因不适应初中学习而辍学；第二次高峰是在初二第二学期：这时学生成绩两极分化明显，老师只注意中上等学生，对差生另眼看待，造成了他们因心灵受到伤害而辍学；第三次高峰发生在初三第二学期：这时学生面临中考，学校按成绩分流，被分流的学生承受很大的心理压力，不少人因此而辍学。另据一位接受我们调查的班主任说，他所教班级开学时有 63 名学生，到期末考试时还剩 39 人，辍学率高达38％。他分析说，一是学生感到升学无望、前途渺茫，这部分占辍学的 40％；二是由于教师过于严厉或体罚学生，这部分占辍学的 30％；三是每一次考试都排名，学生因失败感累积而导致对学习失去兴趣，这占辍学学生数量的20％；真正因家庭困难或农忙而辍学的只占 10％。

教育学者杨东平曾撰文指出，长期以来，在高度集中的计划经济体制下，形成了一种忽视城乡差别的"城市中心"的价值取向，历来的教育改革及政策的出台，习惯于将眼光集中在城市的发展上，国家的公共政策优先满足甚至只反映和体现城市人的利益。例如教育改革的实施，大量教育资金的投入等优先考虑城市的学校。随着社会主义市场经济体制的建立及城市化进程的加快，经济政策城市取向的思路已不适合形势发展的需要。然而，作为一种思维定式它仍有较大的惯性，依然潜存于各种社会决策之中。诸如无视城市和农村儿童在教育环境、教育资源上的巨大差别，以城市学生的发展特点为基础，制定全国统一的教学大纲，学生所学的知识，在广大农村地区很少有用武之地。

由于学校里的课程标准和教学内容没有考虑到乡村学生的特点，教学内容与农村经济发展脱节，使得教育的吸引力在他们的心中荡然无存。从这个层次上讲，国家教育政策的城市取向以及教育资源对农村学生的不公平促成了农村学生的辍学。另外以城市学生为基准的大学分数线的划定，加剧了农村学生辍学的现象。

农村家长把孩子送到学校接受教育，是期望他们能考入大学，实现做城里人的梦想。然而，由于我国政治经济发展水平、教育资源的限制，出于社会需要各级各类人才的考虑，教育在培养人才的过程中也对人进行着严格的筛选和一层层的考试。农村学生唯有通过严格的升学考试才能跨出农村，进入城市。应该说，教育的"升学"模式，为社会各行各业培养和输送了大量的人才，促进了社会的发展；对加快发展农村教育的规模和速度，以及推动农村教育教学内容及教学方法的改革，都有着重要的意义。这种"升学"模式也曾经为实现农家子弟和城市学生享受教育资源的公平方面起到了一定的积极作用。然而，正是由于这一模式的存在，在客观上无形地抑制了农村教育的多方面发展，使得农村教育长期以来陷入"升学教育"、"离农教育"、"学非所用"的怪圈。如学校只重视"尖子"生的培养，忽视甚至歧视学习成绩差的学生，致使所谓的"差生"产生厌学情绪，最后导致弃学。农村教育与农村社会经济建设脱节，农村所需要的人才长期得不到有效培养和供给，而一旦升学、"离农"无望，上学在他们的眼中便不再具有任何意义，反而成为一种浪费。

近年来教育领域追求 GDP 的行为随处可见，大学升级（各类中等技术学校、学院升级为大学）、大量扩招、大学合并、大举兴建大学城等等，看似农村孩子上学更容易了，但事实是，他们的上升空间被严重地压缩了。更多的人接受高等教育，这并没有错。但是，教育不仅仅是要培养人才，更是要培养有用的人才。中国社会经济发展正处于工业化阶段，这个阶段最需要的是技术工人。但现实是，一方面熟练技术工人严重缺乏，因为中专、大专和各类技术学校都变成了大学；一方面是数以百万计的大学生找不到工作。后果不仅是使大量的年轻人浪费了青春和机会，也使中国的产业升级困难重重。从劳动密集型向资本或技术密集型产业过渡，最重要的因素是人才。中国教育制度培养的人才只有两大类：一是最低端的没有什么技术含量的体力工人，比如农民工；另一端是理论知识丰富的知识分子，缺少的是中间地带的人才。

因为缺少这个培养中间地带人才的教育机制，不仅造成了上面所说的产业升级的困难，也造成了农村"剩余知识分子"大量存在。随着大学生分配制度的改革，我国高校毕业生的分配已从计划分配过渡到当今的将人才推向市场，供需见面，相互选择。近几年，在农村高中毕业没有考上大学的，或者是大学毕业后因找不到工作而回乡的毕业生越来越多。农村学生由于家庭背景以及软弱的经济实力，致使他们在"公平考试"的初始就处于劣势。部分农民原先抱有很大的期望，只想勒紧裤带、外出打工和多方筹措学费，过上几年紧巴巴的日子，待孩子一旦毕业，全家的生活就会有个大转机，但没有想到孩子大学毕业后仍会找不到工作。

2. 课程设置偏颇

重视主科，忽视副科，也就是只重视语数外，忽视音体美；只重分数班级排名、年级排名、校级排名，不重品质，只要分数高，就可以是三好生。当前中国学校的最普通做法影响了男生综合能力的发展。

据《中国教育报》2001年8月30日报道，学校留不住学生，背后的原因很复杂，有的因为家庭经济状况不好，交不起各种费用；有的因为学校办学条件差，教育质量低；有的因为学校生活对学生缺乏吸引力。一位初三物理教师说，统一的课程计划、教学大纲和教材，使农村学生普遍感到不适应。课程偏深偏难，班额过大，造成差生增加，学习困难学生大约占30％。据这位教师透露，平均及格率只有66％，有的不足50％，辍学学生中绝大多数都是两三门功课不及格者。

在河北省新河县振堂中学，在课程结构安排上体现的是"只重视主科，忽视副科"。全校三个年级，仅有一个微机老师、一个音乐老师和一个美术老师，且只有初三的学生才能上微机课，美术老师和音乐老师则是一个人要上两个年级（20个班）的课。另外，全校只有一名体育老师。由于音体美和微机师资方面的缺乏，使得学校在课程安排上以主科为主，而美术课、音乐课、微机课则是每个班一个大周（两个星期）才能上一节课，体育课则是每个班一个大周两节课。由于这样的课程安排，使学生们总是处于高强度的学习压力中，而缺乏调节学习紧张的活动课、欣赏课。正如大多数人的看法一样，音体美课和微机课是一些可有可无的课程，只要主科的成绩好了，牺牲音体美的课程也无所谓。

我们在宁晋三中进行了调查，共发放问卷44份，回收问卷44份。通过数据分析并结合学生访谈，我们可以得出结论，男生在学习困难学科上影响因素较多，具体可以分为以下几个方面：

（1）学科特点。有19个学生认为是学科本身太困难，尤其是英语和理科，觉得是单词太多不易记，容易混。理科公式多且复杂，太深奥、难学，将来没有用，没有实际价值，且枯燥乏味，不容易得分。

（2）缺乏兴趣。有17个学生认为自身是最大的原因，他们认为主要归结起来是，对该学科不感兴趣，自身对该学科抵触导致不努力学习，或教师讲课太枯燥，听不懂，学不会。

（3）学校设施。有8个学生认为学校设备太不齐全，实验的教材较少，无课外资料，无多媒体，缺乏口语交际的氛围，管理组织不严密，造成自己的学习困难。

（4）学习氛围。有6个学生认为学校或班级学习氛围很差。

（5）教师因素。有3个学生认为老师的教课方法不对，老师讲课沉闷，讲不清楚，且讲课速度慢，不及时组织复习，练习题太少，管得太严或太松。

在我们的调查中也看到，家庭作业是造成男孩学习成绩落后的原因之一。老师总是一再强调，与女孩相比，男孩完成作业的情况更糟。或许男孩的母亲很容易理解，因为她们经常发现儿子的作业本被摞在一堆书的最底层，可能永远也不上交。

美国教育学家威廉·戴维斯是最知名的"家庭作业原罪说"专家，他曾写过几本教育方面的书。戴维斯强调男孩在很多方面表现比女孩出色，家庭作业问题——迟交或干脆扔掉——严重拖了他们的后腿。戴维斯认为，在学校男孩们晚交作业或上学迟到只为一个原因：他们厌烦了。那他们为什么会厌烦呢？戴维斯认为"工作有成果，学校作业却没有实质性的进展。""按时完成工作就有明显的回报，按时完成学校作业却没有任何回报。"这就是为什么男孩们不按时交作业的原因。作者为这本书去学校参观采访男孩们时还发现了另外一个原因：他们觉得做一个分数的奴隶很不酷。假如一个男孩告诉他的朋友他其实完成了作业，只是懒得交上去，因而没有得到好分数，那他就赢得了一个硬汉的名声。

马萨诸塞州雷尼教育研究和政策中心主任保罗·雷维尔，在对本州最大的十个学区检查时发现，"事实上我们发现不管在哪一类测验上，从四年级到十年级，女孩的成绩都比男孩有优势，甚至是在那些被认为男孩可以考得较好的数学课目上。"雷维尔在马萨诸塞的发现与其他地区的发现一样：女孩的测试分数高，而女孩在按时完成作业方面做得更好，使得家庭作业成为解释性别差异的一个原因。

3. 缺乏针对男孩读写能力的教学

为了使学生能应对日益复杂的经济形势，教育家们聪明地推行了一种自上而下的更为严格的教学大纲。今天的学前儿童面临的挑战是以前一年级学生所面临的。表面上，这个措施很奏效，但是他们没有注意到年龄较小的男孩们还没有准备好迎接这些挑战的事实。如果这些孩子学会正确的阅读技巧，他们没有理由赶不上女孩子们。之所以这些男孩不能赶超，是因为老师没有采取适合这些男孩层次的教学方法。

当然，这些孩子们远远落后于他人的原因不能完全归结于教师，那些监管这些教学计划实施的省、市、县教育主管部门的领导与专家们没有意识到拔高了的教学水平会对男生适得其反。结果，老师从来没有想过给予男生们特殊的帮助和培训，使这些孩子们在学习的压力下生存。男孩在小学毕业的时候他们没有赶超，而在上中学的时候被落下更多。这种扩大的性别差距持续到高中阶段，以至影响到大学女性的入学率要高于男性，并且比他们更能顺利毕业。什么才是学习能力中最关键的因素？美国汉普郡大学的英语教授托马斯·纽科克认为"读写能力是大学任务的通行证"，"你在学院的学习程度取决于你的写作能力。"但是，很多人没有认识到这点，"很多男孩落在了起跑线的后面。"

在我们对河北省农村和乡镇地区初中男生学习困难所做的各项调查中，以英语为代表的语言类学科在各学校男生学习困难的学科中均占第一位，例如在霸州 19 中，排在前三位的是英语、数学、地理，分别占 40%、31.4%、14.3%。在南宫市段芦头中学，男生对英语不感兴趣的人占 78.3%。

男孩们的大脑还没有和口头技巧相匹配。在幼年没有掌握读写技巧的男孩就有永远跟不上的危险，或更糟。美国斯坦福大学的研究者指出，阅读技巧的落后和纪律问题有联系，它解释了为什么纪律问题越来越多都是发生在男孩身上。研究者说，许多读得慢的学生最终都被老师看成是捣乱分子。"在一年级相对低的阅读能力预示了在三年级相对高的捣乱行为……读书能力差的孩子们越来越有挫折感，这是有可能的。"

可见，语言能力的退化是造成问题的关键。在过去 20 年中，参加美国全国阅读考试的 17 岁男孩的阅读技巧呈直线下降趋势。从 1988 年开始，男孩和女孩的阅读能力每年都会拉开一定的差距。学校为了响应新的全球市场的要求，从最低年级就已经开始向孩子们灌输语言能力知识。"那些 40 年前被看做是一年级'阅读预备'的素材，现在则是 4 岁孩子们抢先起步的标准（知道字母的名称、如何拼写、字母发音以及一小部分词语）"，前任国际阅读协会主席、阅读专家理查德·艾琳顿这样说道。这样的要求强度已经渗透到幼儿园，在那儿，老师们要求孩子写日记，男孩们就开始出问题了。

4. 缺乏适当的阅读指导

很多教师会认为初中教育是进行阅读指导的始发站也是终点站。到了初中后，孩子需要加深对课本课程的阅读和理解。在这个阶段，大部分农村孩子只能把语文课来做为锻炼其阅读能力的工具。农村学生阅读能力低是因为贫穷吗？贫穷掩盖了男孩阅读困难的真实原因。

在阅读专家莫茨和布罗佐（Moats &. Brozo）合著的一本鼓励男孩阅读的新书对问题做出如下描述：

大约 20％的小学生存在严重的阅读问题；

至少 20％的小学生不能流利地阅读从而去享受或参与到独立阅读中；

非洲裔美国人、美籍西班牙人、讲英语能力有限的人和贫穷孩子的阅读失败率高达 70％；

全国 1/3 的阅读能力较差者来自大学教育背景的家庭；

美国 1/4 成年人缺乏基本的日常工作所需的文化技能。

美国阿拉斯加州心理学家发现，阅读问题在初中阶段更普遍。直到近几年教育家才意识到问题的严重性。因为阅读技巧的缺乏，近 1/3 的八年级学生面临高中被淘汰的命运。九年级学生阅读能力低于基础水平而面临被淘汰命运的人是八年级的两倍。2006 年，爱达荷州教育专家们调查发现：这个州的学生读写能力正在下降。在爱达荷州，90％的三年级学生在阅读能力测试上都能取得优秀的成绩，可到了七年级的时候，这个数字就降到了 74％，十年级时也只回升到 77％。

受人尊敬的阅读专家迈克·史密斯和杰夫里·威廉认为："全美国都弥漫着一种普遍的情绪，认为教育存在着危机"，"学校执行并保持其自身的运作，传授相同的东西，更多的家庭作业和暑期阅读。"当然，随之而来的是额外的测试。史密斯认为结果只会事与愿违。"厌学的孩子会更加抵触学习。那些阅读较落后的男孩要在暑期完成阅读书目，十个月以来一直被叮嘱在假期读书，因此孩子就会憎恨阅读。暑期的阅读只是当做任务分配下来，孩子没有得到指引来帮助他们理解和享受阅读过程，我不认为这会对学生有所帮助。"

如果我们走进图书市场，我们会发现男孩能够选择的书籍已越来越少。如果你走进一家书店寻找一本可供 14 岁男孩阅读的书，店员也许会给你一些推荐，但他不会提供一个男孩书籍专区。这是因为女孩子读书更多，这是事实。出版商瞄准了女性而不是男性市场已经是一种趋势，这直接导致适合男孩阅读的书籍减少。

几乎所有孩子都能学会阅读，但是很少有孩子能受到那些使阅读能力得以提高的阅读指导。正如任何一个家长或老师都能够证实的那样，男孩掌握语言技能的速度比较慢，记载于核磁共振成像中的一个现象显示，女孩脑中用于语言的神经元比男孩多 11％。扫描显示三岁半女孩的大脑语言区域相当于男孩五岁时的水平。该书提醒说，并不是所有女孩都阅读能力强，但是平均来说，她们几乎都会有一个更快的开始。因此女孩能很好地适应随年级推行的僵化的课程并不奇怪。

男孩的眼睛容易察觉位置、方向和速度，所以男孩更倾向于画图或动词。走进任何一间教室你都可能看见女孩们在画彩虹、房子和家人，而男孩们在画宇宙飞船在天空中飞行……我们经常听老师说男孩在教室里扔东西，铅笔、蜡笔、纸团成了四处乱飞的发射物，只是因为男孩儿们想看看它们会落在哪儿、有多快以及能到多远……其实，男孩子们从扔物体以及观察它们在空中穿行时得到的乐趣，可以被利用起来，和他们的运动天赋与读写能力结合，从而使他们通过学习字母发音到发展流利的口头语言，来提高男孩的读写能力。

男孩女孩思维方式不同是由于他们的大脑不同，也由于社会期望不同，孩子的想法和做法与成人也是完全不同的。这些不同是真实的，教师们每天都必须面对它们、解决它们。

5. 写作训练缺失

写作的性别差距迹象处处可见。2008年春天，美国国家评估管理委员会发表了2007年国家教育进步评测写作结果，这令其副主席阿曼达·阿维隆（Amanda Avallone）吓了一跳。阿维隆是科罗拉多州博尔德的一个八年级英语老师和副校长。她发表了以下声明：写作方面的性别差距几乎和种族差距一样明显，甚至在科学和数学方面更大。在一次12年级的写作测验中，32%的女生达到了熟练水平，是男生的两倍……

写作教师拉尔夫·弗来彻（Ralph Fletcher）在一次访谈中提到："我认为随着时间的推移，男生写作的语态，包括幽默感、活力和激情都趋向于消失了，因为这些在学校里都不被提倡和鼓励。"他还提到"相当多的教师认为男生的写作应该作为一个问题来对待，无疑这将导致男生们的写作态度将逐渐减弱直至消失。"他还提到"我观察到大部分男生都是认真地落笔，但是许多人仅仅是在装样子……只有少数小伙子在兴致勃勃地写着，这些男生们的举止行为使我很困扰。"弗来彻列出了男生的症状堪比那些减肥失败的人。弗来彻说男生的条件和写作已经陷入了"生长迟滞"的阶段。

在写作上，弗来彻引用了国际的资料数据，显示高三男生落后于女生。他也指出了在国家写作测试中巨大的性别差距，例如在华盛顿，女生在所有等级上都超出男生18分。弗来彻说："我在其他的州也发现了同样的事情，在国家写作测试中女生把男生打得一败涂地。"问题出在哪儿呢？首先是书写问题，无疑男生们缺少完成工整书写的动作技能。弗来彻又问到："男生们的字写得不好就消极地影响到老师答复的方式。让我们考虑一个相似的问题：大人们在一个更有肢体魅力的孩子身上慷慨地给予了更多的肯定注意、表扬或者更高的评价等级！没有哪个家长或老师会坦然地承认这一点，然而一些课堂研究已经证实这就是事实。"

字写得不好仅仅是老师对男生写作绝望的开始，接下来男生们决定写什么更加剧了这种绝望。在过去的 15 年里，两个看起来没有关系的压力——学校的反暴力运动和教师的女性化压力——已经引发了审查制度，这项制度剥夺了男孩们与生俱来的写作素材。当弗来彻问教师男生们喜欢写什么时，收回的清单看起来是这样的：外星人、怪物、恐怖故事、战争、毒药，以及与战争有关的英雄故事、事故、伤害、刺客、误伤等等……我们不难发现，他们有着一个独特的爱好：让机器人和邪恶的人战斗。弗来彻还发现，男生们被描述为有暴力倾向，这就促使了很多学校禁止学生写有关暴力的作文。教师们遇到了暴力性作文一般不仅仅要联系学校律师顾问，还要联系家长。剥夺男孩选择暴力题材的写作权利会削弱他们的写作动机。

学生们必须把写作的能力变为高度程序化的短文，以此来应对写作测试。当写作变成了一种单调无聊的程序练习时，只有那些顺从的、单纯完成作业的、字体工整的学生才能够取悦老师。但大多数五年级的男孩不是这样的学生。

孩子们沉迷于网络世界在极大地削弱着识字技能的同时，并未减弱对识字技能的要求。快速阅读有难度的文章并根据阅读写出有深度的论文的能力是大学学习的精髓，这便使得写作成为了进入大学或是顺利毕业的门槛。

卡内基公司董事长格里高利安（Vartan Gregorian）将写作视为等同于生存技巧。他说"在全球化的时代中，经济学家们依赖自身的能力沉浮于世并管理知识。我们不能让我们这一代，事实上，让任何其他一代在学习上落马。"来自卡内基的报告展示了因写作技巧低下所出现的实际问题。根据此项研究，有大致 1/3 的政府或私营企业雇员需要进行基本写作技能的在职培训，而私营公司每年要花费差不多 31 亿美元校正写作误差。然而大部分教育者、家长和智囊团作家仍然忽视着男生们的写作技巧不断下滑这一问题的严重性。SAT仅仅只是一个例子。将占整个重要考试 1/3 权重的测试内容转移到写作上，整个教育环境对男生们来讲都是不利的，而这种写作测试正是女生们一直优异于男生的领域。

6. 评价手段单一

考试批评家们所言极是。长期以来，很多的学生，特别是那些可怜的男孩被落在后面。那些缺乏创造力的教学和测试对男孩的伤害，彻底粉碎了他们对阅读和写作刚刚萌发的兴趣。测试确实成为性别差异的一个影响因素。

在著名的教育网站"e度教育社区"中，网友"紫色月光"指出："以考试成绩为目的的教师们，将其主要精力放在了传统的读、写和其他课堂作业上，而这些内容通常是女孩子最擅长和喜欢做的。与此同时，学校正在缩减更加适合男孩子们的教学内容，如科学试验、体育和野外活动等。毫无疑问，在这种教育方式下，我们的男孩子正变得战战兢兢、如履薄冰和身心疲惫，最终在女孩面前一败涂地。"

应试制度确实更适合于善于背诵和表达的女生。比如男孩子对历史的爱好和广泛的涉猎，男孩普遍动手能力超强，玩具电器拆了装，这些能力都无法从现有的考试中测量出来，但做工程师、设计师、物理生化学家很需要做实验；所有担风险的事情考试是没法测试的，但是干事业、改革、创业、突破无一不需要担当风险。男孩的这些素质和优势无从衡量，甚至完全被忽视，不知社会是该喜还是该忧。

现行的考试制度有很大弊端。教师承担着工作和教学成绩的双重压力，为取得好成绩，教师的压力又转嫁到学生身上。部分教师为追求教学成绩，对后进生缺乏正确的引导与教育，往往会用简单粗暴的做法。为提高教学成绩，一些学校急功近利，在考试复习上，搞题海战术，利用节假日补课。有的学校干脆取消了体育活动和课外活动时间，单一枯燥的学习生活严重挫伤了学生的积极性、主动性。有的学校还根据考试成绩给学生排全榜，根据学生的学习成绩排座位，个别教师歧视学生，对差生爱心不足，恨心有余，缺乏必要的关心和帮助，体罚、变相体罚现象时有发生，大大挫伤了后进生的自尊心、自信心和学习积极性。

应试教育更有利于女生特长的发展，而男生，虽然他们在知识面、想像力、创造力和批判思维等方面具有比较优势，但是，在一系列严格制度化的、绝对标准化的考试中，这些优势都难以表现出来。所以，在同龄男生与女生共同参加的应试竞争中，往往是男生被淘汰出局。

学校学到的大都为书本知识，没有实战演练，使男生向书呆子转化，缺少了男生应有的朝气、风度与气魄；只注重应试教育，忽略了男生特长的发展；过分注重应试能力的培养，忽略了其创新意识的形成和发展，使男生无法发挥自己的特长和优势，越来越向高分低能的方面转化，最终无法适应社会的要求，无法自立。

7. 学校日常管理存在问题

上学难是农村义务教育的一个不容忽视的现象。随着计划生育政策的实施，农村人口出生率急剧降低，入学儿童人数骤减。为减少经费开支，许多乡镇撤掉原来的村小，只在办事处或镇建有小学，或者就是合并，后者居多。在以丘陵、山地为主要地貌的中西部地区，很多小学生要走几十里地上学。为此，有些地区从小学三年级，甚至一年级开始采取寄宿制的方式让学生入学。有些家庭不得不把孩子送到附近的县城等经济更为发达的地区就读，小小年纪远离父母，缺乏必要的管教，也淡漠了亲情。

我们在对河北省农村乡镇地区百余所中学的调查中看到，农村乡镇地区初中多为寄宿制，有一些中心小学也为寄宿制，学习条件较差，生活艰苦，致使一些学生营养不良，学习的时候常感到头痛，时间一长，就感到学习很吃力，难以跟上进度，逐步产生畏学情绪。学生进入初中后，课程门类增多，难度增大，加上有的教师对学生的学习缺乏有效的指导，一些学生感到不适应，而放弃继续学习的机会。以升学率为标准的应试化教育让学校和教师千方百计地提高升学率，使学生承受着难以言状的心理压力，部分孩子不堪重负，学习的积极性受挫，自然也就失去了学习信心，把上学视为"受罪"，于是一些学生干脆辍学。在农村中小学中，因学业成绩差受到老师的不公正对待而辍学的情况也不少。初中学生进入初二后，学习成绩两极分化逐渐明显，一些教师缺少爱心和耐心，在教学上只注重中上等学生，对学习差的学生另眼相待，这些学生感到心灵受到了伤害，于是以辍学的方式来寻求解脱。

在我们的调查中发现，许多学校管理制度僵硬，实行所谓"军事化"或"半军事化"。例如，某农村初中实行"全天禁出制"，从早晨起床，到学校，学生感到"像被关在监狱里一样，一点自由也没有"。学校没有课外活动，校内生活单一，枯燥乏味，毫无生气，对学生没有吸引力。另外，许多农村初中教师的素质低下，教育教学方法不当，仍然存在体罚现象，对男生更为严重。师生关系紧张，也是男生厌学的一个原因。河北馆陶县魏僧寨中学是一所农村寄宿制中学，虽然校舍都是新修建的，可这所学校只有一名多媒体教师，理化生实验器材有限，学生得不到应有的操作实验和启示，教师完成教学任务，只能是传统的黑板加粉笔，加大作业量等，这样既加重了学生的学习负担，影响了学生的学习兴趣的培养激发，又扩大了后进生的范围；学校食堂没有科学地配置有营养的饭菜，再加之男生生活自理能力普遍不如女生，一些学生不愿忍受寒窗之苦而辍学。

男孩女孩心理和生理发育不同步，差别很大，有的学校无视这种客观规律，没有"因性施教"，那些千篇一律的听话、守纪律的要求严重压抑了男孩个性。从幼儿园进入小学，很多孩子，尤其是男生，难以适应学校的种种纪律和要求。在一些公立幼儿园的大班，应家长的要求开设了专门的"幼小衔接"训练，其实就是练习长时间（起码 40 分钟）坐着不动、发言举手等各种规矩。

男孩爱冒险、爱挑战、爱争吵、爱跑动，这些行为倾向都与男孩体内更高水平的雄性激素分泌有关，一味地限制只能让他们感到不满和受挫。男孩们很容易认为学校是一个专门和他们作对的地方，他们擅长的方面——运动技能、视觉和空间技能以及他们的勃勃生机，在学校中未能得到很好的承认。学习不占优势，特长得不到发挥，性格发展得不到引导，男孩长期在学校得不到正面的反馈，最终造成了严重的伤害。当然，应试教育对男孩和女孩都不利，但与女孩相比，男孩更容易成为应试教育的牺牲品。

在张家口康保镇中学，我们随机抽取七年级 25 名男生对学校的管理纪律问题进行了访谈，得到结果如下：23 名男同学（90%）对学校收费表示不满，并说这是他们完成义务教育的最大威胁；20 名男同学（80%）对教师体罚表示反感，认为这样误导了他们对"尊重"的认识，而且无益于他们对"错误"的深入反省，重者还威胁到他们的身体健康；体罚挫伤男生应有的锐气，甚至逼迫他们更无理地叛逆；15 名男同学（60%）反映作业太多，没有足够的休息时间。以小见大，现代教育制度对男生发展的影响可见一斑。

我国传统教育中"好学生"的标准倾向于听话、安静、遵规守纪，这种教育理念对好动、精力充沛的男生来说形成极大的矛盾冲突。相比之下，女生更习惯于文静、循规蹈矩，更能够较好地适应现行的教育制度模式。许多地区教育理念陈旧，对叛逆学生尤其是男生，很容易产生"恨铁不成钢"的情绪，在升学压力加大的现实面前，体罚或者变相体罚便异化滋生出来。在社会各界都关注学校的体罚现象时，学校直接体罚少了，但变相体罚现象依然存在。根据调查，很多教师对这些较为叛逆的男生采用"心理惩罚"的手段，主要包括讽刺和责骂，冷落和孤立，拒绝学生进教室听课或学习，任意公布、评说学生的考试成绩等。与直接体罚相比，"心理惩罚"由于不太明显且发生效应较为迟滞，很容易被人们所忽视。但它往往对少年脆弱的心灵造成无法估量的消极影响。

粗暴、简单化的管理，完全无视了孩子内心的情感。当我们使用体罚的时候，不是试着教导孩子什么是负责、合乎道德的行为，而是放弃了一个教育机会，这原本是一扇窗户，可以协助孩子用比较好的方法来关照自我的态度与行为。很明确的一点是，粗暴与简单的管教强化了一个观念，即管教必须依靠来自外界的力量，如老师、家长、校长等等，他们忽略了强化男孩自身内部控制的重要性。事实上，这样的管理模式除了能导致身体上的服从之外，无法带领孩子做出更好的选择，相反，它破坏了孩子的价值观内化过程，让孩子无法学习同情心、尊重以及合理性，也因此无法发展起负责任的、有道德的男人行为模式。这些发展良知的重要连接，将一生影响孩子的生活。

青少年正是探索是非的年龄，尤其是男生，犯错误在所难免，正确引导，使之主动认识错误，才能帮助他们真正在内心确立是非观念。也由于这个时期的叛逆性格，体罚非但不会让错误刻骨铭心，反而会减弱是非观念植入内心的深度。从人格上讲，正在成长的自尊与锐气，不是被罚成不可理喻，就是被罚成懦弱无能。"教育管理和学校管理的民主科学性原则"的具体措施，亟待进一步探究和落实。

教育的个性化一直作为教育改革的理念与价值观。然而在应试的主导下，它却总是一句空口号。贪玩儿同时又有创造力，是青春期男孩子的特点之一，然而沉重的学习压力让他们甚至没有足够的休息时间，最有活力的人被制度化作了最没有动力的机器是极其可悲的。也有另一部分人不移本性，贪玩儿落下了学习，终成为被劝退的对象。现代教育应具有人力资源开发和人的发展这样相辅相成的两翼，然而应试的主导，无疑重伤了这两只翅膀。

教师往往喜欢遵规守纪、学习优秀的学生，毫无疑问，女生在这个方面比男生更容易受到教师的青睐。而大多数男生除了作为班级劳动的主要劳力以外（女生这时就又成为了受照顾的对象），还被老师当做对比女生优秀的陪衬，使得男生辛辛苦苦努力的结果不但得不到表扬，而且可能很容易就被一次不及格抹杀而招致批评。同时，对于男女生犯同样的错误，教师往往偏袒女生，对男生则过于严格，使后者容易对老师由不满意产生逆反心理，也容易造成男女生之间的隔阂，不利于男生的成长。有的老师对于男生犯错误，不注意方式方法，往往在公开场合的众人面前严厉批评，言语简单粗暴。有的更加之以打骂、体罚男生，使男生的自尊心受到伤害，对教师产生抵触情绪。有的老师只把眼光放在学习成绩上，对学生的不良行为听之任之，缺乏管理，甚至对部分不良行为包庇、纵容，助长不良风气。

8. 农村办学条件差

我国大部分农村地区由于自然环境、交通状况、学校布局、经济发展水平等原因，办学条件一般较差，无法同城市学校相提并论。统计结果显示，2003年，全国小学体育场（馆）面积达标率为 50.2%，音乐器材配备达标率为 38.66%，美术器材配备达标率为 36.69%，数学自然实验仪器达标率为 49.8%；初中相应的指标分别为 65.68%、53.95%、52.43% 和 70.17%。这就是说，全国有大约一半的中小学，其办学条件未能达到国家规定的一般标准。可以断定，这些学校主要是集中在农村和偏远山区。

与学校"硬件"设施相比，农村中小学师资水平和管理水平等"软件"又如何呢？虽然近些年中小学教师的学历合格率在不断上升，但在农村学校中，文凭和水平不相称的现象相当严重，不少教师还不具备起码的教育理论知识，更缺乏"以生为本"、"主体教育"等现代教育理念。此外，在学校管理方面，农村中小学的管理人员往往缺乏基本的管理学知识，学校管理常停留在经验层面，甚至存在着简单、粗暴、一言堂、刚愎自用等现象。

由于自身经济相对落后，地方政府没有足够财力支撑和促进基础教育的发展，资源的匮乏使课本成为农村的学生能够得到的唯一教育资源。普遍的农村中小学设备陈旧落后，根本跟不上教育发展的要求。学生活动器材缺乏，图书、实验、信息技术教育等装备太差或是没有，教师基本上是靠书本知识说教，极大影响了学生读书的兴趣。我们调查了大名县一所少林弟子武术学校，这所学校共 30 名教师，其中仅 3 名教师为正式公办教师，另有 8 名实习教师，没有足够的教师教书。随着经济的快速发展以及国家对农村教育的重视，一些乡镇中学的硬件设施已有了极大改善，但由于种种原因却成了摆设。在藁城增村镇中学，我们看到，这个学校有专门的音乐、体育、美术教室和器材，但是，唯一缺的就是专业课老师，问当地的老教师，得到的答案却是"都是上面往下拨人"。

在霸州某中学我们看到，学校有图书室但不开放，有电脑室但不准师生使用。学校的图书室只是流于形式，并无人负责，学生手中的借书证也只是废纸一张，只有在应付检查时才临时安排统一借书，借阅记录临时编写。

9. 教师个人素养

农村教师待遇普遍低下，尽管这两年工资待遇的确有了较大的提高，从纵向上比有所改善，但从横向上比，农村中小学教师始终没有摆脱"清贫"和

"辛苦"的处境。这种情况极大地挫伤了广大农村教师的教学积极性，造成大量优秀的农村教师外流，或考研、考公务员，或弃职经商，或跳槽转行，或应聘进入条件待遇较好的城市学校、私立学校等。社会上的羡富心理也让部分教师无心教学，没有能力另找出路的教师索性得过且过，工作成了纯粹的应付。很多教师是民办教师转正的，他们很多是初中或高中毕业，尽管后来通过进修获得了合格学历，但往往是徒有虚名。他们文化水平偏低，知识老化，缺乏必要的教育学、心理学知识，根本不能适应现代教育改革和发展的需要。另外，大部分农村初中学校语文、数学、外语、理化等主要学科教师的第一学历80％是中师毕业，专业学科知识基础薄弱。相当部分的农村教师在当今信息化的时代对电脑仍是一窍不通，更别说使用多媒体进行教学了。一方面广大农村中小学教师急需培训、学习、进修以提高知识水平和业务能力，另一方面却是农村学校经费困难，人员紧张，教师获得培训的机会很少，导致教师对新信息、新知识、新经验、新方法掌握得太少，只能靠自己的知识功底在实践中摸索，事倍功半。由此带来教学质量下降，教学水平低下，形成质量低则生源差，生源差造成质量更低的恶性循环的怪圈。

在一些农村地区，学校老师可能并没有真正深厚的学识和权威，很难有让孩子们从心底里面敬佩的东西。对于没有真正权威的老师，男生女生所采取的方式非常不同，男生会表现出他的瞧不起，或消极抵抗，变成差生或积极抵抗，对于他不佩服的老师，就跟你挑战、捣蛋、调皮、做小动作、破坏课堂秩序等，甚至于男孩会把与老师的斗法看成一种有趣的游戏，乐此不疲，让老师头疼不已，这就变成了"问题学生"。

部分教师在经过几年的教学之后变得麻木，教育教学方法越来越简单化、程式化、呆板化。教师在教育工作中的浮躁情绪、急功近利，漠视学生人格尊严的倾向十分突出，这些现象的存在，加重了师生间情绪的对立，不利于相互信任、交流与沟通，不利于学习信息的传递与师生的和谐互动，更不利于学生学习活动的开展和多种能力的培养与形成，以及学生良好人格品质的形成。

第八章 家庭与社会的影响

幼儿园运动的创始人福录贝尔说过这样一句话：国家的命运，与其说是操纵在掌权者手里，倒不如说是握在母亲们的手里。说的是家长以及由家长所进行的教育在孩子发展中有着不可估量的作用。当我们检讨当前家庭教育，特别是农村家庭教育的时候，我们发现很多家庭并没有成为一所有利于儿童成长的好学校。在我们的田野调查中，我们也看到无数的男孩，是如何在父母或其他成人的不当的教育之下，比如不恰当的期待、不必要的体罚、不良的亲子沟通方式等行动的影响下，苦苦挣扎，有的在少年时代就早早关上了感情的大门。我们可能预见的未来是，当这些男孩长大成人，开始在职业、婚姻或家庭中建立关系时，他们再也无法了解或表达自己的情感。

1. 家长对男孩的期望值降低

在传统的中国社会，男孩代表着一个家庭的未来，他身上通常承载着众多的期望。而在当今整个社会功利主义盛行的背景下，很多家长，特别是农村家长，对孩子的期望已经日趋现实，这种期望值的反差在男孩身上的体现要比女孩更明显。很多农村家长认识不到在社会发展的历程中，知识对一个国家、对一个人的重要性，仍然拘泥于只要有劳动力，就能找饭吃的现实认识中，认为读书无用，不如早点外出打工挣钱。在校就读的学生，随年龄的增长，到了九年级已基本能从事一些简单劳动，于是纷纷放弃学习，而外出打工挣钱，贴补家庭。因此，家长对送子女入学并不是很积极主动，对学生的辍学听之任之。在中国农村人际关系联结紧密的文化氛围中，"早打工、早赚钱"的思想就像传染病一样迅速蔓延，一家的孩子辍学在家，另一家的在学校也基本上坐不住了，总想着自己隔壁的某某在家早就赚钱了，我还要在学校读书，受苦受累还不知道今后的着落。有这样想法的学生一般在学校坐不长久。

例如，在河北省霸州地区，只有一两所重点高中，招收的学生也很有限，大部分学生的上学需求受到抑制。上不了重点高中，上大学就没有保证，按照这个逻辑，许多没有机会进入重点高中的学生便自愿放弃了进一步求学。由于当地经济发展较好，生活水平相对较高，大多数家庭都有自己的店面，相当一部分家庭拥有自家的厂房、公司。家长对于自己孩子的未来早已作出一定的安排。由于工作相对好找，未来生活有一定保障，很多孩子期待着早早离开校门外出赚钱，他们无法意识到学习的重要性。在一定程度上，当地存在着重商轻文的误区。农民们是最现实的了，一旦看不到教育所带来的实际效果，他们往往放弃对孩子的教育，这迫使部分孩子失去进一步求学的机会。通过高考"跳出农门"是许多家长和学生的共同期盼，而一旦升学无望，多年的"应试"技能使得这些退守农村（很多甚至根本不愿从事农业劳动）的子弟"种田不如老子，养猪不如嫂子"，如此"读书"显然"无用"，这使现实的农民为孩子选择了"赚钱要趁早"。

大名县北峰中学是一所具有典型意义的农村寄宿制初级中学，为公立乡镇中学。学校规模为 12 个班，七年级 6 个班，八年级 4 个班，九年级 2 个班，学生总数约 500 人，绝大多数学生来自划片招生区域内的乡镇，还有少数学生来自周边的乡镇。其中 98％以上的学生是农业户口。从招生区域来讲，都是偏远落后的山区。调查发现，家长在孩子读书问题上的思想是比较复杂的。子女刚入学时，他们希望孩子都具有高学业（在问到"你希望自己的孩子拿到什么学历？"时，98％的家长都希望学生读到大学）。可是，当知道孩子考不上大学时，有 34％的家长却认为初中知识"用处不大"，还有 21％的家长选择"说不清楚"，有 47％的家长表示"让学生在学校混个毕业证"就行了。

在邯郸市龙王庙中学，我们对本校初二、三年级的全体学生（161 名）进行了一次问卷调查，问卷中设计了四个项目：道德品质教育、学习动机教育、文化知识教育、体育卫生教育。要求学生在父母亲对他们进行教育次数最多的项目下划勾。结果，划第一项的 39 人，划第二项的 53 人，划第三项和第四项的分别为 47 和 22 人。对初一年级 245 名学生的调查，结果也相近。问卷上设计了以上四个方面的项目，同样要求学生，在他们的父母对他们进行学习动机激发次数最多的项目下面划勾，统计结果如下：在"为祖国建设"下划的 19 人，在"光宗耀祖"和"跳出农门"下面划的分别为 45 人和 54 人。结果清楚地告诉我们：农民们主要是从光宗耀祖和跳出农门两方面进行学习动机激发。在农村，我们还可以看到，当儿童对体力劳动表露出厌恶情绪时，父母们就趁机补上一句："不好好读书，将来一辈子干这活儿。"儿童幼小的心灵就埋下了跳农门的种子。一些落后的农村，家族观念死灰复燃，修族谱家谱的事也并非个别。这些地方在修谱时，农民们个个都企望自己的子女的名字在谱系上熠熠闪光，自己脸上有光彩，为全族人增光，从而获得心理上的满足。而对那些田秀才、土专家，则不屑一顾。他们为子女提供的学习榜样，几乎都是清一色的

"吃皇粮"的、跳出农门的。谁要是读过书，吃到了"皇粮"，但又回到家乡，为家乡建设服务，则很难成为他们为子女提供的学习偶像。

在农村，并非只有经济压力大的家庭在孩子的教育上趋于保守。在我们的调查中发现，有些学生家里条件优越，经商做生意，对没有文化也可以挣钱更加有信心。

家庭对孩子成功的期望值低直接导致"读书无用论"在农村地区的重新流行。面对近几年失业率升高，就业十分困难的现实，再加上高中生需要缴纳学费，大学生又需要缴纳学费、住宿费、生活费等一系列费用，几年下来，一个学生需要至少十万元的费用。投资大却没有回报。尽管政府想了很多办法，如助学贷款、奖学金制度等，但"读书无用论"还依然是困扰学生升学的一个难题。

2. 家长教育方法失当

在我们与家长座谈访问调查时，有80％的家长及监护人表示对学生加强教育和管理是学校的责任和义务。当问到学生周末回家后家长是否督促其学习时，有74％的家长及监护人都表示很少或没有督促学生学习，48％的家长甚至说学生在周末根本不带书回家。很多家长把学生送到学校后就很少过问学生在校情况。在问到家长与学校老师沟通情况时，只有12％左右的家长表示经常向老师了解学生在校情况；只有17％左右的家长表示经常与班主任老师保持电话联系。在问到家长是否知道学生的班主任和任课老师的情况时，有78％的家长和监护人只知道班主任姓什么，对其他任课老师的情况一无所知，另有20％的家长及监护人甚至不知道学生的班主任姓甚名谁。其次，家庭教育的方式方法欠妥。在问到"你发现学生有不良行为，是如何进行教育的？"时，67％的家长采取打骂和处罚，只有21％左右的家长认为应采用说服教育的方式。在问到学生"如果你在校违纪，你的家长知道后将会是什么态度？"时，有70％的学生表示他们会受到指责打骂。日常生活中，许多农村家庭长辈的文化素养差，自我控制力不强，言行举止粗鲁，对孩子平时不闻不问，出了事儿，则恶语相向，拳脚相加。

粗暴的管教，不管是身体的处罚还是言语的威胁，都带有轻视、诋毁或是威胁的成分，绝不适合于任何一个孩子。男孩的敏感性并不比女孩差，许多为人父母也都承认，他们对于儿子的教育方式是比对女儿来得更粗暴。在学校里，老师比较容易被男生激怒，因此对他们的态度通常比对女生粗暴。老师与父母多半不愿意对女孩太过严厉，但是对男孩就没有这种犹豫。传统中国社会中流行着这样的习俗：棍棒底下出孝子；不打不成材。其背后的假设是，男孩需要严格的管教，以鞭策他的成长。所以，如果男孩与女孩犯下相同的错误，男孩所受到的惩罚一般远比女孩严厉。不管男孩还是女孩，当他们遭受来自身体或言语的过度尖刻、不公平的对待时，他们不是发出强力的、愤怒的防卫来抵制这种对待，就是变得心灵伤痕累累。许多在幼年时期遭受过打击、羞辱或威胁的男孩，长大后要以懦弱自卑，要么就极具攻击性。

当前，农村家庭中学习动机教育，表现在方法上，就是强化反面刺激。其主要特征是：当眼前的现实与他们理想中的事情尚有一段差距，则强化现实的不足，刺激受教育者向理想的事物努力，并告诉他们，如果不努力，就只能永远停留在眼前的状况。表达形式上，常用"如果不……就一辈子……"的形式，即如果不努力学习，就只能一辈子务农；如果不努力学习，就一辈子跳不出农门。在农村，我们在田头、饭桌上、谈笑中，经常可以听到、看到当子女面对落后的农村现实意欲摆脱时，家长们就顺水推舟地进行如何光宗耀祖、怎样才能跳出农门的简单说教。

3. 被溺爱的男孩

现在中国家庭中独生子女占了大多数，家长对子女在生活上给予无微不至的照顾。再加上中国家庭日益富裕，生活条件不断改善，被捧在手心里长大的男孩越来越多了。

有资料显示，现在的独生子女家庭城市达 99% 以上，农村达 40% 左右。乡镇学校内独生子女家庭比例为 38%。我们在张家口地区康保镇某校所做的调查显示，全校共男生 408 人，属家庭独生子的为 228 人，占男生总数的55.9%。由于我国农村地区历来重男轻女的思想根深蒂固，对独生男孩的骄纵溺爱尤为突出。

家庭教育是教育的重要组成部分，从出生到成人，家庭教育起着耳濡目染的作用。家长和亲友对男孩子特别关照，造就了男生的自私、狭隘、主观、武断。对他们来说，事事以集体为中心的学校要求与家庭中事事以他为主的现实格格不入。顺利时目空一切；遇到困难时则逃避退缩，没有坚强的意志品质。

在调查中了解到，很多家庭存在对男生过分的溺爱和纵容。有老师表示，现在男孩养得太娇了，很多男同学自理能力很差，一有问题立刻求助家长，不会自己解决，娇生惯养使男孩运动量严重不足，肥胖或瘦弱，缺少男孩阳刚气质，这或许是"男孩危机"出现的一个重要原因。还有一些家庭富裕、文化水平又不高的家长，不懂得如何教育孩子，孩子提出的一些不合理要求随意满足，使孩子养成了好吃、好玩、懒惰的坏习气，学习上不愿吃苦，也不愿受学校的种种约束。

有人说，"独生子女的父母是在把男孩当女孩养，使中国失去了一代男人。"这话说得一针见血。中国男孩现在享受太多，吃苦太少，满足太多，控制太少。这样的状态，男孩肯定会出问题。男孩就是男孩，男孩有不同于女孩的生活方式，不论是家长还是老师都应该注意到这一点。

4. 留守的男孩

在农村初中，留守儿童占有相当大的比例。

2005 年全国人口数据显示，我国 6 周岁以下的留守儿童共 952.37 万人，占全国留守儿童总数的 41.58%，占 0～6 岁幼儿的 18.1%。河北省妇联 2006 年上半年所做的抽样调查的 50 794 名儿童中，有 7 146 名为留守儿童，占 14%，其中父母双亲均在外打工的留守儿童 1 876 名，占留守儿童的 26.3%。在个别村如赵县杨家郭村，2006 年底，16 岁以下留守儿童占全村儿童总数的 65.5%。从性别比例上来看，留守儿童的男女性别比：5 岁为 123.69：100，6 岁为 124.23：100，0～6 岁平均为 122.78：100。而 2000 年人口统计显示，男女出生性别比为 116.9：100，这表明，男童比女童更易成为留守儿童。教育学博士蔡迎旗对福建农村地区 123 个幼儿园和学前班的调查显示，只有 3 个班的女性留守儿童多于男性，其他 120 个班都是男多于女；在接受调查的 5 742 名留守儿童中，男孩 3 427 名，占 59.7%，女孩 2 315 名，占 40.3%。[①] 也就是说，因为种种原因，父母更倾向于在外出打工时将女童带在身边，而将男童留在家乡交由他人照顾。

我们就河北省的情况所做的调查显示，因厌学而辍学的学生中有 57% 的学生家长双方外出务工。另外还有 20% 的学生家长有一方外出务工。其中有 47% 的学生是由祖父母、外祖父母或其他亲属照管，另有 10% 左右的学生是自我管理。在 20% 的父或母单管家庭中，留在家里的多是女性或能力稍弱的男性。因此，在问到对学生辍学后所持的态度时，有近 57% 的家长及其他监护人都表示：学生不愿读书，没办法。在问到学生辍学后家长对其有何安排和打算时，有 21% 的家长或监护人都表示"由孩子自己决定"；另有 18% 的家长或监护人表示"让他们外出打工"。

一些家庭父母均外出打工挣钱，将子女寄住在亲戚、邻居、朋友家中，使

---

① 蔡迎旗：《留守幼儿生存与发展问题研究》，凤凰出版传媒，2009 年 9 月，第 30 页。

适龄儿童成为留守儿童。在我们所调查的河北省百余所农村乡镇中学里，各年级各班级都有这样的留守学生，他们要么住在学校，要么住在老师家中，要么由爷爷奶奶或亲戚照看。河北省妇联 2006 年上半年的调查数据是，在被调查的留守儿童中，73.7％是父母一方在外打工，其中 80％以上是父亲外出，母亲在家，其余 26.3％的留守儿童是父母同时外出打工，他们中的 63％由隔代照顾，32％被托付给亲戚朋友，5％在学校住宿。这些留守孩子的入学及教育完全脱离了父母双亲的监管，而这些留守孩子寄住的家庭成员，要么是年老体弱多病，要么是文化程度不高，他们既要忙于家庭生计，又要教育寄住在家里的留守孩子，很难两全其美。在忙于生计的同时，往往忽略了对留守孩子的教育，使这些孩子在学习上、生活上产生障碍时得不到及时的疏导和关心，缺少亲情的呵护。

在邯郸市大名县龙王庙中学，由于学校所辖乡镇处于农村地带，很多农村家庭经济条件差，当地农村经济来源渠道少，大部分家长为了养家糊口双双外出务工，把上学的孩子交给上一辈老人或亲戚朋友照看，对上学的孩子疏于管理教育，使一部分留守学生与社会上一些闲杂人员混在一起，染上了诸如抽烟、喝酒、上网、赌博等恶习，导致学生不思进取从厌学到违纪直至逃学。

5. 父亲角色的缺失

在同样的教育体制下，为什么有许多孩子依然可以成长得很好，家庭教育起了极大的作用。所以，父母是可以大有作为的。要拯救男孩，父爱不可缺。

学校开家长会 80％以上是母亲参加。在幼儿园，几乎没有男老师。在小学，80％以上是女教师。表面看是男性自己的问题，深层次就需要问为什么男性不愿意参与家庭教育。这是一个观念问题，许多父亲并没有意识到自己在教育孩子方面的重任，认为男主外女主内，似乎把孩子交给妻子或老人就可以高枕无忧了。而实际上，缺乏父教的孩子是危险的孩子。

我们可以把男孩的成长大致分成三个阶段：出生至 6 岁，基本上属于母亲，孩子对于食物、温暖和爱的需求，母亲是最好的提供者。6～13 岁，男童睾丸激素水平不断上升，他越来越感觉到来自内心世界的召唤，开始尝试去做一个男人，这时，男孩在兴趣和能力方面越来越像父亲，他也特别需要一个男人承担起培养和教练他的责任。14～18 岁，男孩要完成从幼稚到成熟的转变，成熟男人的引导是必不可少的，如果缺乏这样一个男人，他就会从跟他一样年轻无知的同伴身上寻找榜样，这也是为什么这一阶段的男孩喜欢加入团伙的重要原因。可见，从男孩进入六七岁之后，父亲的角色会越来越重要，他引导男孩顺利地长成一个正直的人，对有6岁以上男孩的家庭来说，父亲不应该再把精力只放在工作上，父亲缺席家庭活动会让男孩感受不到来自父亲的支持，这是一个从儿童向成人迈进的危险阶段，如果错过了指导，有的男孩可能永远也无法成功跨越这一阶段了，也就是说，永远长不大了。

事实上，六七岁以后的男孩，似乎更喜欢和爸爸或其他成年男性待在一起，与他们形影不离，想向他们学习，模仿他们，他似乎在有目的地学着做一个男人。著名精神分析学家弗洛伊德的俄迪普斯结的说法，虽然可能显得有些离奇，但心理学研究证实，确有一些是事实。四五岁的男孩要占有他父亲的位置，有与自己父亲争夺母亲的表现，这种因亲子关系引起的情感，不仅只有柔情，还有敌对的色彩，它会在无意识中产生一种巨大而永久的影响，男孩不知不觉中把自己与父亲等同起来，在行为上模仿他，而作为父亲，也应该利用这一有效机制，给儿子树立一个好的男人榜样。

行为榜样是一个非常重要的概念，值得我们特别强调。为了生存，我们人类必须学习一些复杂的技巧，通过观察我们崇拜的人的行为举止，我们的大脑会吸收他们的一系列技巧、为人处世的态度以及他们的人生观。行为榜样已经成为我们人类进化过程中的一个特征。在青少年眼中，行为榜样是他们想像的人或者是他们想成为的那种人，女孩和男孩一样需要榜样，但是大部分女孩在学校里就能找到自己的行为榜样，因为中小学校里有比例庞大的女教师，她们很容易理解女孩遇到的问题，而男孩就没这么幸运了。

现在许多父亲陪孩子时间太少，一个原因是社会角色问题让父亲承担了太多，另一个是父亲的观念问题，觉得教育孩子交给母亲就行了。如果父亲选择忽略儿子，那么这时，儿子就可能不停地制造麻烦，这主要是用来引起父亲注意的。曾经有这么一对父子。儿子生病，病得很严重，并不断反复，去了几家医院都查不出原因，孩子父亲听说了，从国外搭机回国，一到家，孩子的病情居然好转，几天过后，竟然全好了，还嚷嚷着跟爸爸出去打球玩。父母都觉得很奇怪，心想这孩子是不是装病啊？其实，孩子还真不是装病，可以说他的潜意识中期望以这种方式来引起爸爸的注意。当然还有一些孩子可能会用其他方式，比如偷东西、尿床、打架、欺负别人等，来引起父亲的注意。我们把这样的表现称为"父爱缺失综合征"。

我们可以大致根据以下四条线索来识别已经患上了"父爱缺失综合征"的男孩：好斗、大男子主义态度、行为方式单一（冷漠、装酷、蛮横等）、蔑视女性及其他弱势人群。这样的男孩之所以会表现出这些咄咄逼人的态势，完全是为了掩饰内心的不安，他们得不到男性长辈的欣赏和尊重，因此假装坚强。

他们的心理活动规则是，在被人拒绝之前，先把别人拒之门外。如果男孩平时很少跟自己的父亲或其他男性接触，那么他就不知道该怎样才能成为一个男人，他找不到合适的话语来表达自我，对自己没有清晰的认识，更不知道应该怎样处理自己的情感，他们不知道别的男性是如何做的，当然也不知道自己该怎么做。而如果有一个成熟的男人在身边，他可能会用幽默的方式解决争议，会轻松地跟女性聊天，不带有任何大男子主义倾向，会轻松地表达出自己的感激或悲伤，勇敢地说出"对不起"……而我们那些缺乏适当男性榜样的男孩们塑造自己男性形象的渠道可能只有两种：电影电视上的男人，或自己的同龄伙伴。通常男孩们崇拜的银幕英雄对他的现实生活没有太大指导意义，而他的那群同龄伙伴也跟他一样是一群失去生活目标、需要帮助的孩子，他们在一起只会相互助长一些恶习，比如抽烟、上网，或比赛着用粗俗的语言来表达情感。

在中国农村，传统上父亲都不是通过陪孩子玩、拥抱孩子、跟他们聊男人们喜欢的话题来表达父爱的，而是通过强调以让妻儿过上幸福生活为目标努力工作、挣钱养家来体现自己的父亲价值，人们对"好父亲"的认知一般停留在其养家的能力上。甚至传统的父亲都会尽量掩饰自己渴望与儿子亲近来树立自己的男人权威，有的走了极端就变成了粗暴可怕。很多中国男人就是这样一代一代做父亲的，小男孩长成大人，自己做了父亲，仍然还是这样。其实，想想看，养育一个男孩，陪他一起运动、打闹、探险，一起去体验更广阔的、未知的世界，给他讲讲怎样修理玩具车，怎样钓鱼，以及怎样在外面打拼挣钱养家，怎样对待女性，遇到悲伤、痛苦的事情怎样排解，遇到危险的事情怎样躲避，受了委屈怎样向别人申诉……还有谁比一个父亲更应该胜任这些呢？

6. 穷人的孩子早当家

由于近几年产业结构调整，以及城乡居民对农副产品消费结构的变化，不少农民不适应现代化农业生产，出现农副产品相对过剩，带来经济不景气。这就造成部分农民家庭生活十分困难，交不起学费，导致孩子辍学。由于免除杂费政策实施，虽然辍学的学生大为减少，但家庭贫困导致辍学的比率仍然占10%左右。据国家统计局山西调查总队对全省35个国家扶贫开发重点县的抽样调查资料显示：2006年农民人均生活消费支出达1 463.54元，比上年增加79.65元，增长5.8%，增速比全省平均水平低14.2个百分点。与上年同期相比，2006年农民人均用于文化教育娱乐用品及服务方面的消费支出为219.88元，比上年减少了45.55元，减少幅度达17.2%。农村贫困地区部分群众家庭经济收入少，生活困难是中小学生辍学的主要原因。

以河北藁城市为例，目前全市有几万名学生享受到"两免一补"政策的资助，但是由于名额有限，还有相当一部分贫困家庭的学生未能得到免费教科书政策的资助，尤其是初中的名额分配比例较少。如果按平均比例小学每个年级约有近 8 600 人的指标，到了初中每个年级仅有约 6 500 人，这也就意味着小学毕业升初中后有 2 000 名贫困生无法再享受到免费教科书的资助。同时，学生升入初中后，离学校远的一般都要寄宿，家长除了必须为孩子支付规定的学习费用外，还要支付住校的生活费等。

根据一位高中老师的观察，在农村高中（县城重点中学除外），高一能一直坚持到高考的只有不到 2/3 的学生，以自己所在的学校为例，高一 6 个班，每班 60 人，共 360 人，到高二时只剩下 300 人，到高三时还有约 200 人左右，其他水平相当的学校情况也大致如此。为什么会出现这种情况呢？这位老师给我们算了一笔账：现在农村高中大都是半封闭制，中午不许走读生回家，必须在校内食堂用餐。虽然有的地区免除了高中教育阶段的学费，但这免去的费用与要花的钱比起来可谓九牛一毛。高中生要吃饭，要交资料费、各种考试费、补课费，按照当地的生活水平来算，每名高中生每年平均的最低花费为 8 000元左右。在普通内地农村，这笔费用绝对可以说是不菲的，如果这名高中生考上了大学，没有几万块钱是下不来的。现在一个普通农村家庭的年收入不过几千元，而孩子即使争气考上了大学，毕业后一两千元的月薪，要何时才能收回这笔投资呢？

许多农民特别是尚未富裕的农民，子女上学成为严重负担，上完小学愁初中，初中毕业愁高中，高中毕业愁大学，大学毕业愁工作。迫于经济压力和对上学就业前途的担忧，使得有些家长只顾眼前经济利益，强迫子女没有读完初中就辍学做工、经商、学艺、务农，不仅省去了学杂费的负担，还对家庭有所补贴。一个农民供养一个大学生可能要过一生清贫的日子，而孩子却可能大学刚毕业即失业。对那些费尽心血让子女上完大学而孩子又找不到工作的农民来说，读书不仅不能带来经济上直接的、明显的实惠，很多家庭还出现"读书致贫"、"读书返贫"的现象。

河北大名少林弟子武术学院是大名县一所文武兼修的武术学校，自 1994年办校以来已有十六七年的历史。在办学之初，在校的武术生共有 1 200 人左右，但到目前为止，在校的武术生仅有 350 人左右。从学生及家庭方面来看，辍学的原因包括：一是经济条件，有 11% 的学生辍学是由于家庭贫困，他们的家庭年均纯收入都在 800 元以下，生活环境和居住条件都比较差，一家人的正常生活只能勉强维持，根本没有能力送子女入学；二是家庭结构，有 7% 的学生辍学是因为单亲家庭、父母双亡或父母再婚家庭。这类家庭在子女的教育责任方面形成空当，相互推卸责任，就是勉强入学以后的教育和学业的完成也令人担忧。

2009 年底，河北省大名县农村居民中绝对贫困人口为 48.8 万人，低收入人口为 65.5 万人，农村绝对贫困人口和低收入人口大多分布在交通条件差、自然环境恶劣的边远地区，要尽快使这些人口摆脱贫困，稳定解决温饱，难度依然很大。贫困地区和山区人民生活水平还很低，农民增收非常困难，各级学校的学杂费却在逐年增加，农村家庭在子女教育方面的投入越来越大，占家庭开支的比重越来越高。当前农村多孩家庭仍有不少，一个家庭要负担两个或更多的孩子读书，如果没有较高的收入水平是非常困难的。当一个家庭因入不敷出而危及生活和生存时，发展问题将退居其次，子女辍学则成为必然。

温家宝总理曾在全国农村教育工作会议上说过："谁能享受良好的义务教育，谁就能获得更多的发展机会，否则就难以融入现代社会。特别是在欠发达的中西部地区，摆脱经济贫困首先必须改变教育落后。'今天的辍学生，就是明天的贫困户'，这是农民群众从现实生活中得出的结论"。要减少明天的贫困户，就必须降低今天的辍学生。

7. 家庭与社会法律意识淡薄

很多农村父母法律意识薄弱，根本就不知道"义务教育是国家统一实施的所有适龄儿童、少年必须接受的教育"。很多父母认为义务教育就是国家免费教育自己的孩子，孩子是否接受教育就完全取决于自己，并不知道义务教育具有强制性，不履行的话是一种违法行为。在孩子出现厌学情绪或者辍学倾向时，父母不加以正确引导，而是放任自流。在调查中我们发现：知道有《义务教育法》的家长只占调查人数的 24.4%，知道没有送孩子读完初中，应该负一定法律责任的只占 31.4%，而不知道有《义务教育法》和认为不应该负责的分别占 53.6% 和 32.5%。从中我们可以看出：很多农村学生的家长的确法律意识缺乏，没有把送子女读书看作是一个公民必须遵守的法律义务。

当前我国社会经济发展的一个新的特点是，劳动密集型经济仍然是我国经济的主要类型，这种经济类型在我国目前得到了快速发展，它对劳动力的文化素质要求不高，小学、初中文化水平的农民工也可以适应大多数的工种。劳动密集型经济的迅猛发展形成了对农村初级劳动力的巨大需求，而供求又存在一个很大的缺口。正是这种对初级劳动力的大量需求的现状，对农村中学生主动辍学起到了强大而直接的"拉动"作用。劳动密集型经济的发展给农村青少年

（包括没有读完初中的）提供了广阔的就业发展机会，不少初中生正是在这种新经济形势中看到了自己的用武之地，才纷纷主动弃学进入社会寻找工作机会的。正因为如此，从上个世纪末至本世纪初开始，不少经济条件已经得到明显改善的农村地区，就开始出现了初中生自愿退学进入社会"就业"的现象，而且已经形成了一股风潮，这种风潮严重影响着农民家庭对教育的投资和农村中学生的求学心态。

《中华人民共和国义务教育法》第十五条规定："适龄儿童、少年不接受义务教育的，由当地人民政府对其父母或其他监护人批评教育并采取有效措施责令送子女或被监护人入学。"对不接受义务教育这一违法行为的执法主体应该是当地人民政府，而有的政府官员却认为学生辍学是学校和老师的责任，与政府没有多大关系，不愿管这些事。有的想管，但不知道如何执法，不知道应该采取什么有效措施才能督促家长依法送子女或被监护人入学。另外，辍学的初中学生大部分都打工去了，劳动部门对违法招收童工的治理也缺乏力度，这从另一方面助长了学生的辍学。

为什么他们辍学后能直接进入厂矿企业，像他们的父母或亲戚那样打工？据我们了解，原因在于相当一部分厂矿企业在当地按"人头税"缴纳各种费用后，当地政府及相关职能部门对厂矿企业用工便不再过问。厂矿企业为了获取更大的经济利益，置相关法律法规于不顾，雇用和吸纳大量包括辍学生在内的无证民工为其创造价值。

控辍保学工作主要由学校去做，但很多学校表示对此无能为力，没有更有力的措施来履行法律赋予的权利和义务。对于学生中途辍学，不能按《义务教育法》和《未成年人保护法》的要求，对辍学学生的监护人进行处罚。而且一些用工单位招工时比较随意，根本不考虑学生是否已经初中毕业。

8. 沉迷网络

随着网络、电脑的普及，手机、电脑等现代化通讯手段在农村也变得十分普遍。现在许多男生都有自己的手机，还经常到网吧上网。网吧的诱惑，玩游戏机，在MP3播放器里下载音乐，跳街舞，抽烟，早恋，我们发现许多男生已经不再像以前那样单纯。他们已经沾染了许多不良的社会习气，这使得他们更无心向学。而对于农村的女生而言，上网、玩游戏、去网吧，都不是一个乖孩子应该做的事情，因此很少有女生像男生那样痴迷于网络。她们会把更多的时间和精力用在学习方面。

美国一项对47 000名大学生所做的调查显示，13％的大学生承认玩游戏在很大程度上阻碍了自己的学业（8％的学生表明嗜酒影响了他们的成绩）。2008年美国大选开始的三周之前，奥巴马竞选团认为很有必要拉拢18～30岁的年轻男性。工作人员这下知道该怎么做了，对了，就是从电子游戏下手。包括"吉他英雄"和"劲爆美式足球09"在内的18款游戏内都穿插了竞选广告。这个聪明的举动似乎和那些认为电游是性别差距问题核心的人产生了冲突。那些沉迷于游戏的人真的会投票吗？

当心理学家在继续争论什么游戏使人上瘾时，一个极其令人痴迷的游戏出现了，那就是"魔兽世界"，一个充满奇幻色彩的战争类游戏。世界上有成千上万的玩者都乐意每月支付订阅费来玩这个游戏。临床心理学家费舍（Diane Fisher）是研究威尔梅特公立学校中男孩问题的专家。她很担心她的儿子会沉迷于电游。费舍说："当我的儿子还小时，他喜欢读书，而且特别专注。在五年级时，他还在读书，但是读的东西变了，真正占有他想像的越来越多的是那些联机游戏。我听说过有的五六年级的男孩玩'魔兽'玩到凌晨4点，这些孩子好像生活在'魔兽'的世界。"她和做外科医生的丈夫尝试对孩子进行游戏戒严。"我们当然进行了戒严，晚上10点电脑必须关机，而且进行了好几年。别的父母告诉我他们的孩子会去睡觉，但在凌晨2点偷偷爬起来继续玩电脑。"

这确实令人担忧，但是为了确定性别差距的真正原因，需要考虑一个最重要的问题：哪个是首要的？是玩游戏成瘾还是对学校的逃避？"男孩有时会认为学校是由女性掌控的，许多课上内容不能吸引他们。"相反，电子游戏，尤其是那些血腥的射击，需要复杂策略的游戏才真正吸引他们。费舍认为对学校的回避才是首要的原因。"我认为男孩们在其他地方找到了成功感。"对于很多男孩来说，一旦对学校产生厌恶感，玩游戏是他们首先想到的远离学校的手段，他们很容易在电游中找到"能量"，并产生成就感。

以河北临漳倪辛庄中学为例，95％以上的初中男生都有上网吧的经历。而且47％以上的学生有沉溺于网吧的倾向和状况。学校周围总共有4家网吧，4家网吧的主要客源就是倪辛庄中学的学生。对于这种状况，当地政府睁一只眼闭一只眼，学校也无可奈何。学生沉迷于网吧，不愿上学，甚至辍学。网吧严重影响了学生的健康成长。有一个毋庸置疑的事实：学校周围录像厅、网吧、游戏厅、话吧、酒店、旅馆等处的某些丧失良心和社会责任感的黑心老板，为了赚钱而挖空心思煽动男生弃志逃课。比如，有学生对我们说，"我以前从不逃课，只因偶尔去了一次网吧，在'品尝'了网吧老板的'诱饵'与'诱导'后，我便无法自拔，逃课从此与我'藕断丝连'。"在河北平山外国语中学外，我们观察到有一些打桌球的地方，每次出门都能看到许多七八年级的学生在那里娱乐。令人吃惊的是这些年纪不大的学生技术还不错，甚至还会与一些社会上的闲散人员一起玩，一些小商店还向这些学生出售香烟。这些娱乐场所的行为给这些学生逃课、辍学提供了方便，至少给他们提供了一些思想上的支持和活动场地以及"出路"。

而现在在农村几乎村村有网吧，大量男孩迷恋其中。另外，已经有不少家庭给孩子准备了电脑，但对孩子文明上网缺少必要的引导，男生手机上网的数量达到80％以上，迷恋上网聊天，对网友的选择很不理性，盲目随意。网上的人、网上的信息本来就是良莠不齐，家长对此又不制止、不引导，致使一部分学生因迷恋网络而辍学。

第九章 教师性别因素的影响

在认知发展和图式理论中，同性别榜样给儿童提供了其性别建构的模范，儿童从所观察的许多榜样的行为中抽取出共同特征来建构男性和女性的概念，而与性别图式不一致的行为会被忽视或很快被忘掉或被同化到性别认知结构中去。目前，有关性别角色发展的理论认为：模仿和观察学习仍然是性别角色学习的重要途径。现在，小学和初中可以说是一个以女性为主的环境，大部分教师或学校管理者都是女性，对男孩子来说会造成一定的困惑，因为这与一般男孩高活动力、低控制力的特质是格格不入的。男教师的缺乏，是造成男生失败的重要因素之一。

1. 教师队伍"阴盛阳衰"

男女教师比例失调是一个国际性难题。在我国，幼儿园自不必说，很多小学也是清一色的女教师，有的初中学校女教师比例达到了90%左右，这无疑会对学生的正常发展，特别是男生的发展造成一定程度的影响。国外的中小学也大多是女教师"一统天下"。据统计，在美国，幼儿园、小学和初中女教师的比例分别为94.7%、86.5%和60.2%；法国小学和初中的女教师分别占到了77.7%和62.8%；捷克、匈牙利、意大利、阿根廷和巴西，初中女教师的比例都高达70%以上，有的甚至超过八成。目前，对学生的性格导向偏向女性化的趋势日渐明显，无论是评先进还是选班干部，都是以女孩的性格为标准，而男子汉的活泼好动、行为粗犷、探索欲强等性格特征，不仅在学校中得不到鼓励，而且还会受到明显的压抑。

美国斯沃斯莫尔学院教授托马斯·迪伊（Thomas Dee）在2006年秋天所做的调查中表明，中学生从与他们同性别的老师身上学到的东西更多。大约80%的美国公立学校的老师是女性，而这些女性的年龄大都是40岁左右。迪伊认为，在三个学科（科学、社会学和英语）中，女孩跟女老师会学得更好，男孩跟着男老师学的更好。一部分解释可能是基于男女教师对纪律问题的不同看法。迪伊写到："不管是上什么课，男孩们总是被认为是比女孩们更容易搞破坏，注意力更不集中，更不容易完成作业。"结果表明，男孩爱搞破坏的一部分原因在于性别之间的互动，而这些往往是由于女性教师在学校占优势。"我的计算表明，如果六、七、八年级的英语老师是男性的话，在中学结束时，男女学生阅读能力的差距会比现在减少三分之一。"如果迪伊是正确的，那么中学男性教师的缺乏是一个非常重要的因素。位于明尼阿波利斯的一个旨在聘用更多男性教师的教学组织负责人白兰·尼尔森曾说："假如学校中没有成年男性，那么一个男孩怎么会认为上学是如此有意义的事呢？"尼尔森点到问题的关键之处。我们有很多理由聘用更多的男性教师，然而期望以男老师来解决男人间的矛盾确实不是我们解决问题的首选方案。

一直持续增长的女性教师比例（超过 90％的小学教师和教师总数的 3/4）使教室文化发生了改变。现在，只要学生愿意静静地坐在座位上，字写得工工整整，课堂任务按时完成，就能得到较高的评价。

男老师比较能够容忍那些被女老师看来构成威胁的课堂行为，比如站立或在桌子下面伸展身体。男孩家长普遍认为自己的孩子很难适应现今高度结构化的课堂。"尤其是在近 50 年来，坐着读书的小学生形象已成为教育宣传中的典型，"迈克·格里安在《男孩的思想》一书中写到。"这个形象也没什么不好——但跟许多男孩的思维方式不十分匹配。"格里安说男孩具有值得尊敬的、充满激情的"男性力量"，正是由于这种力量，我们的住宅和楼房才得以建成，马路得以修建，飞船可以起飞……男孩通过一时兴起的尝试与错误学习，日后成为了律师、医生、运动员或公司经理，给人类增添创新。

在我们所调查的大部分中学里，尽管女教师在全体教师中所占比例较高，绝对数量大，但是，在学校管理层中，男性比例稍大于女性，而女老师即使年龄再大、能力再强，到头来也只不过是个老师，顶多会成为一个优秀教师，这样就直接影响了女老师在学校的地位。作为一名学生，尤其是男学生，在学校最害怕的一定是校长，然后是副校长，接着是主任。而这些人都是男性，怎么去在这群孩子的思想中树立女老师的威信，女老师没有威信又怎么去管住这些孩子。所以女老师在现今的教育事业中地位的低微导致男学生不害怕女老师，对男学生的管束和教育都有很大的负面影响。

在河北霸州 8 中的调查问卷中，有关女教师问题的调查结果显示，喜欢女教师教学的男学生占 29.5％，喜欢男教师教学的男生占 70.5％。原因主要有：大多数男生认为女老师有重女轻男的心理；女老师过于注重外在的穿着打扮，甚至有的男生认为"这样很丑"；女老师过于严厉，爱唠叨。但也有部分男生喜欢女教师的教学，他们认为女老师细心、温柔，自己比较能够接受她们的意见。

我们在河北留村中学通过对学生的问卷调查和访谈中看到，学生们对男女老师各有评价：在男学生心目中，男老师知识面比较广，对于学生的管理比较严格，威严的形象对于班级的管理和学生学习的督促有较好的作用。并且男老师较易和学生进行沟通，能够明白他们心中所想以及所做的事情。女老师在这些学生的心目中是教学细心，有耐心，责任心强，能够很好的将所学的知识与考试相结合，有利成绩的增长。女老师和蔼可亲的形象也使得这些男孩子愿意与其交心。对于一些艺术类的科目如：美术、音乐，学生都比较倾向女老师。这也展现出女老师多才多艺的一面。

从角色上讲，女教师的优势是：先天的固有特性使其更容易与学生沟通，因为"没有沟通就不可能有教学"，失去了沟通（社会交往）的教学是不可想像的，而沟通的前提是师生的情感协调。情感是课堂教学的灵魂，没有情感就没有沟通交流。女教师特有的温柔、细腻、亲切、善解人意与有耐心等个性特征，使女教师较容易置身于别人的情绪空间之中，感受、理解他人的情绪，容易与人沟通，愿意接受不同的意见。女教师的这种优势容易与学生建立起一种和睦的、愉快的心理气氛，因而"亲其师，信其道"，教师传授的知识、技能更易为学生所接受。同时由于女教师与学生的接触较多，能够比较细腻、真诚地关心学生，因而能不断地观察、发现学生身上的优缺点并反复地做巩固或转化工作。只有耐心与细致，才能不断地发现学生细微的心理变化和行为表现，以便及时、准确地把握学生的发展状况，做到有的放矢、因材施教。

女教师职业稳定性远远高于男教师。目前中小学教师的社会地位偏低、待遇较差是一个不争的事实，许多教师，尤其是男教师毕业工作 2～3 年后就改行了。从有关调查来看，产生男教师大量流失的原因主要有"社会文化因素"（51.2％）、"职业缺乏挑战性"（27.5％）、"收入太低"（19％）、认为"没什么发展"以及在人格上容易"婆婆妈妈"等。

十四五岁的青春期男生正是需要得到男性鼓励和男性榜样的时候，面对农村中小学女教师过多的现状，增加男教师的比例是改变男孩落后状态的关键之一。是否可以考虑通过限制师范院校、幼师学校等招生的男女比例提高男教师在农村学校所占的比例。在儿童性格形成的关键期的学前阶段，孩子是依赖模仿和重复来学习行为并养成习惯的。而他们所接触到的成年人几乎都是女性，身边缺乏成功的男性榜样。

男孩子生活的世界里，应该有能够成为其榜样的男人。如果是男教师，男生可以模仿他的字迹、说话方式、做事方式，甚至是走路姿势，以男教师为榜样，完善自己。可是对女老师，男生就不能模仿，以致对女教师的课失去兴趣。自进入父权社会后，女性与男性进行了第一次社会分工，"男主外女主内"是当时两性分工的模式，这种分工模式虽然与当时的生产特点有关，但也相对地造成男尊女卑的不平等现象，阻碍了女性的发展，突出表现之一就是男女受教育权的不平等。在现今的社会里，虽然人们天天高喊"妇女能顶半边天"，但是在一些地方女性仍然处于"弱势群体"。这一现实又导致了女性没有坚实的后盾，所以经常看到很多学校没有女领导。

教师队伍一方面"阴盛阳衰"，表现为女教师绝对人数大大高于男教师，一方面，表现为学校管理层中男性领导所占比例远高于男教师的比例。这种矛盾状况对男生的发展产生影响。教师的情感态度、心理体验和思维方式会通过教育教学输送给学生。久而久之，这就会潜移默化地成为学生自己的行为准则、体验方式和思维方式，并进而影响他们的人生发展。学校女教师偏多达到性别比例失调的地步，对男孩产生潜移默化的影响，男孩整体形象是阴柔有余而阳刚不足，不利于孩子的成长。因为我们身处的是一个两性的世界，处于人生性格发展关键时期的孩子需要来自两性的滋养。女性阴柔的教育管理方式要占到相当大的比重，日积月累，就会使在校男生的性格趋向于中性或者阴柔的方面，缺乏了男孩阳刚之气的锻炼。另一方面，男性与女性的世界观与价值观也不相同。女性更趋向于内敛、稳定，男性则更倾向于探索、冒险。中学男生如果过多的受到这种内敛与稳定的价值观与世界观的影响，便会对自己的未来越来越缺乏探索与冒险精神，也会影响到男生今后的职业取向。

2. 一项关于女教师的研究

我们选取邢台市清河县第五中学全体男生为被试，以自行设计的包含 10 个题目的问卷进行调查，共发放问卷 216 份，回收有效问卷 196 份，有效问卷回收率为 90.7%。调查结果如下：

（1）女教师的装束对男生学习的影响（表 9-1）。

表 9-1

女教师经常换衣服，对你影响很大吗？			
	备选项	频数	频率
A	很大	43	21.94%
B	不大	68	34.69%
C	没有	85	43.37%
	合计	196	100%

（续）

女教师换了一个新发型，上课时你总是会不经意间注意她的头发吗？			
	备选项	频数	频率
A	经常会	20	10.20%
B	有时会	99	50.51%
C	不会	77	39.29%
	合计	196	100%

女教师穿高跟鞋走路发出的声音会影响你的思路吗？			
	备选项	频数	频率
A	会	78	39.80%
B	不会	63	32.14%
C	无所谓	55	28.06%
	合计	196	100%

针对女教师频繁换衣服的问题，21.94%的男生认为对自己的影响很大，34.69%的男生认为对自己产生了一定的影响，有不到一半的男生认为对自己没有影响。10.20%的男学生经常会注意女教师换的新发型，50.51%的男生有时会注意老师的新发型，只有39.2%的学生不会注意老师的新发型。从数据结果中看到：39.80%的男生会被女教师的高跟鞋的声音影响思路，32.14%的男生不会被其干扰，还有28.06%的男生对女教师的高跟鞋对自己的影响持无所谓的态度。

这些数据显示，女教师的穿着会对男生产生一定程度的影响。特别是在初中阶段，学生正处在青春期，伴随着身体的发育，性激素分泌急剧增多，第一、第二性征快速发育，青少年对此既感到神秘、困惑又充满好奇。这个年龄段的孩子的模仿性很强，老师的穿衣戴帽对孩子的影响很大，尤其是女教师的穿着打扮会对男孩子性别观产生冲击。从调查中我们看到相当一部分男生会经常观察老师外形装束的变化，甚至有的老师新奇的装束打扮会成为孩子们课下的讨论话题，扰乱了正常的学习。所以说老师打扮潮流、换装频繁在一定程度上会影响到学生上课的注意力。并且对于高年级的学生来说，正值青春萌动时期，一些男生会因为女教师过于鲜亮的打扮而想入非非，影响学习，也影响心理的健康发展。而关于女教师的高跟鞋声音易分散学生的注意力，尤其是自习课，教室非常安静的情况下。即使学生习惯了这种声音，它也给课堂增添了一种不和谐的气息。我们知道注意力是决定学生能否搞好学习的关键，学习的时候必须聚精会神，否则就不会有好的学习效果，加之男生较女生更好动，因此必须保证学生在安静的环境中学习、思考，以便拥有更高的学习效率、达到更好的学习效果。女教师的这些行为势必会对学生的学习效果产生负面的影响。

（2）女教师的教育教学对男生学习的影响（表9-2）。

表9-2

女教师体罚多一些还是男教师体罚多一些？				
	备选项	频数	频率	
A	女教师	84	42.86%	
B	男教师	52	25.53%	
C	不确定	60	30.61%	
	合计	196	100%	
你不希望女教师做班主任的理由是什么？				
	备选项	频数	频率	
A	性格过于温和，不能管理好班级	36	25.93%	
B	没有威信	29	21.48%	
C	不喜欢一个人没有理由	65	48.15%	
	合计	135	100%	

从表9-2中的数据我们可以看到：42.86%的男学生认为女教师的体罚要多于男教师，25.53%的学生认为男教师的体罚多一些，还有30.61%的学生选择的是"不确定"。不希望女教师做班主任的男生当中，25.93%的学生认为老师性格过于温和，不利于班级管理，21.48%的学生认为女教师没有威信。其他学生对老师的选择没有理由。

（3）女教师性格对男生依赖性的影响（表9-3）。

表9-3

女教师性格细腻、细致、细微，考虑周全，你会对她产生依赖吗？				
	备选项	频数	频率	
A	会	115	58.67%	
B	不会	25	12.76%	
C	不确定	56	28.57%	
	合计	196	100%	

被试学生选择"会"的比例是 58.67％，选择"不会"的比例仅占 12.76％，二者悬殊，由此可知过半数的男生会对女教师产生依赖。

（4）女教师的教育机智对男生学习、生活态度的影响（表 9-4）。

表 9-4

课堂上闹了笑话，女教师通常会采取何种办法？			
	备选项	频数	频率
A	和大家一起笑	34	17.35％
B	马上加以制止	90	45.92％
C	手足无措	19	9.69％
D	因势利导	53	27.04％
	合计	196	100％

表 9-4 中数据显示：课堂上女教师会和大家一起笑的为 17.35％，其中还有 9.69％的教师会手足无措，因势利导的也只为 27.04％，高达 45.92％的男生认为女教师会在课堂上马上制止学生的行为，消极的处理措施占到多数。

（5）女教师的情绪化对男生个性发展的影响（表 9-5）。

表 9-5

你认为女教师易于情绪化吗？（情绪化是指凡是一切与心情有关的大起大落或是麻木不仁的状态）			
	备选项	频数	频率
A	是的	54	27.55％
B	有时	91	46.43％
C	不会	51	26.02％
	合计	196	100％

由表 9-5 数据可以看出，被试学生选择"是的"的比例是 27.55％，选择"有时"的比例是 46.43％，选择"不会"的比例是 26.02％，由此可知大部分男生认为女教师易于情绪化。

（6）女教师的自信心对男生个性发展的影响（表9-6）。

表9-6

课堂上，你提出的不同意见，女教师如何评价？			
备选项	频数	频率	
A　给予肯定，并在课上展开讨论	40	20.41%	
B　课下讨论	71	36.22%	
C　含糊其辞	85	43.37%	
合计	196	100%	

由表9-6数据可知，只有20.41%的男生认为女教师会在课堂上对学生给予肯定，36.22%的学生选择的是"课下讨论"，还有43.37%的学生认为老师在课堂上对他们提出的问题闪烁其词，不能给学生明确的态度。可见大部分学生认为自己所提出的不同意见并不能够得到女教师的充分重视和认可。而此种情况间接地影响、扼杀了学生的自信心和对事物的求知、探索的心理，影响其个性的发展。

（7）女教师处理问题的态度对男生个性发展的影响（表9-7）。

表9-7

你认为女教师处理问题的态度有何特点？			
备选项	频数	频率	
A　细致入微	38	19.38%	
B　坚决果断	31	15.82%	
C　优柔寡断	51	26.02%	
D　顾此失彼	76	38.78%	
合计	196	100%	

表9-7数据表明：在男生中，35.2%的学生认为女教师处理问题细致入微、坚决果断，而64.8%的男生认为女教师处理问题时更加优柔寡断、顾此失彼。

同样，女教师感情丰富细腻，但心理承受能力差，易为情所困；受传统柔弱心理的影响，缺乏开拓精神，怕承担风险；富有同情心，但依附心理较重。女教师的这些缺点和不足易对其工作造成不利影响，影响学生正确对待问题、对待生活的态度。对学生管理严格、细致，显得没有"人情味"，会招致学生的反感；对学生管理得宽泛、放松，太过于有"人情味"，又会使学生散漫起来，影响学生的学习积极性，不利于学生成绩的提高。在传统的性别刻板印象中，相对于男教师来说女教师的兴趣、爱好不广泛，知识储备量不丰富，在教育教学工作中，更倾向于按部就班，循规蹈矩，旁征博引、触类旁通的能力不强，精辟独到的见解少，使学生在学习过程中的发散思维得不到强化和提高。

初中生正处于个性发展的重要阶段，因此学校教育对学生的影响尤为重要。女教师上课更容易情绪化，并且不能及时大胆地肯定学生在课堂上的表现，对于处在性格形成并不断完善的初中阶段的学生来说，特别是男学生，是非常不利的。

此项调查在一定程度上说明了女教师对男学生产生的负面影响。在中小学女教师占有绝大多数的情况下，女教师对男生性格养成、行为习惯以及学习方面产生的负面影响不得不引起家庭、学校、社会的高度重视。该问题的探讨有助于引发大家的思考，并对女教师有一定的指导，呼吁女教师在工作中应当加强自己的修养，并在活动中有意识、有目的地锻炼自己，发挥女性自身具有的教育优势，取长补短，塑造完美的教师形象。

3. 女教师的负面影响

心理学研究证实，与男性相比，女性的成就动机偏低。成就动机是指通过自己的努力完成某些有价值的或重要的事情的欲望，是推动一个人完成某项任务的内部动力。女教师相对成就动机偏低，在工作中的状态体现为进取心较男性为弱，在目前中小学校里，女性教师所占比例普遍高于男性。男学生成就动机的榜样缺乏，激励手段缺乏，从整体上来说，男生成就动机水平的提升受到一定的局限。同时这也是女教师职业稳定的一个重要影响因素。女性的成就动机在主动性、自觉性等方面确实不如男性。"男高女低"、"女子无才便是德"等传统观念在现代社会仍有相当的影响。这种传统的文化观念造成了相当多的女性认为取得成就是男人的事，女人的首要任务就是做个好妻子、好母亲。把人生理想定位于家庭，人生就是追求家庭幸福，把"相夫教子"作为第一要务，在有余力的情况下再考虑自己的事业，奉行"家庭第一、事业第二"的观点。这种理想定位就会把事业当作副业来"经营"，在事业上没有高标准、严要求，甘于平庸，追求事业成功的内驱力不足，这是妨碍女教师成长的重要原因。而女性在经历结婚、怀孕、哺乳、养育等过程后，生理有了明显的变化，心理压力也随之加重，更容易产生比男性更强的依附心理、自卑心理。这也是造成女教师的成就动机偏低的客观原因。

女教师教育教学受多方面的束缚。由于女教师生理和心理的特点，她们常常受为人妻、为人母、为人媳等多重家庭角色的束缚，她们要扮演教师、妻子和母亲等多种角色。在面临家庭与事业的选择时，需要付出比男教师大得多的代价，特别是年轻的女教师，她们要生儿育女，要当贤妻良母，大量的时间耗在"家庭"角色中，影响了"工作"角色。因而大多数女教师接触社会的时间和机会较少，信息交流也少，知识面窄，无法及时地更新知识和掌握教育科学的最新动态。

　　在我们所调查过的农村中小学校的教师队伍中，女教师比例占 2/3 以上，她们更喜欢乖巧听话成绩好的女孩。而好动是男孩的天性，好动的男生，几乎不容易被老师欣赏和喜欢。而男孩子要做到让老师喜欢，必须想方设法压抑自己的天性。据大部分教师反映，男孩子非常好动，课上都安静不下来。其实，对孩子来说，光要求他静是无法做到的，或许需要以动致静，也就是说，让他充分地活动过了，他才可能做到静。男孩子是在体验中成长的，例如，有一所学校中的某个男孩子花一年的时间去研究孔明灯的做法，尝试了很多种燃料和材料，在几天前终于实验成功了，他很开心。但同时，他也因为花在学习上的时间减少而造成的成绩下降受到了老师的批评。其实，孩子研制孔明灯的过程就是发明创造的过程，是最好的学习过程，也是最难得的成功体验，还有什么比这个更值得做的事情呢？男孩子在学校接触到的老师多为女教师，那么如何能让男孩子多多接触到男性呢？在女教师的无微不至的呵护下，男生缺乏应有的父爱，久而久之，男生养成了文弱、多愁善感、娘娘腔等习性，男子的气概也渐渐地消失，男生向中性化趋势发展。

　　就女教师教育教学对男学生发展的影响，我们在河北威县一中高一年级所做的调查结果是：74％的学生认为女教师对男生的发展产生了负面影响，26％的学生认为没有影响。在认为有影响的学生中，认为最大的负面影响是：

　　32％的学生认同"女教师威慑力相对较弱，管理不严格，使课堂放纵、混乱，学生容易对其自身要求降低，影响教学质量"。男生懂事晚，不守规矩，好奇心强、冒险性强，容易成为班级里的捣蛋鬼。这些喜欢不走寻常路的男孩，一旦他们的探索精神受到冷遇后，在班级里遭到嫌弃，就可能促使他们在叛逆心理的作用下，走上与老师对着干的路。

　　12％的学生认同"女教师与男生交流有障碍，使老师无法深入了解男学生的学习情况以及心理情况。因而师生间产生隔阂"。由于性别上的差异，男生总感觉跟女老师沟通困难，特别是男孩之间的问题。当那些男生与女老师有代沟后，他们的学习也渐渐退步，他们就会逐渐丧失信心，随大流，害怕表达自己的观点，一旦做了一件事后，总会想：不知会不会得罪人？如果刚才不这样做就会更好等等，结果他们就会越来越胆怯封闭。

11％的学生认同"女教师的性格缺陷（易发脾气、体罚学生、对男生过于苛刻）会影响学生的上课情绪，打击学生的积极性，因而导致男学生产生逆反心理"。

8％的学生认同"女教师易斤斤计较，没有宽大的胸怀"。受女性特有的生理特点和思维方式的影响，并且由于我国两千多年来封建道德规范和传统偏见的影响和束缚，加之现阶段男性在学校领导层占据主导地位，女教师很容易产生从众性和依赖性，做事优柔寡断，缺乏果断性。女性在性格气质上明显带有处事过于谨慎、顾虑较多、容易满足、心胸狭窄、欠缺幽默、对自己的能力估计过低等特征，这不仅束缚了女教师自己的思维和潜在的创造力，在教学实践中也影响到男学生，使其在耳濡目染中也形成这种优柔寡断、顾虑重重、心胸狭窄等等不良的性格，不利于男生心理素质的全面提高，更不利于形成健康的符合男生特点的心理特征。

6％的学生认同"女教师偏向女学生或忽略男学生，造成男女学生不平等，影响男学生学习积极性"。在性别特征的定位上，同龄学生中女生由于成熟较早，懂事较早，相应地在学习上进入角色较早，起步较早，更加自觉、勤奋、刻苦；而男生活泼好动，容易扰乱课堂秩序，成熟懂事相对较晚，容易闯祸、惹事。所以当男女生发生冲突时，女教师往往认为男生理所应当对女生谦让。这种行为让大部分男生认为女老师比较偏向女生，自己受到不公正的待遇，自尊心受到了伤害，间接地导致了对此女老师所教科目的反感。

3％的学生认同"女教师太过唠叨，使学生心理厌烦，影响学生思维"。

另有2％的学生认同"女教师太过于爱护学生，使学生不懂得什么是严师，因而放纵自己"或"女教师管理方法不对或管理不到位，打击学生的积极性"等其他选项。

女教师促使男学生产生依赖心理，性格不独立。依赖性是指凡事都要依靠别人，缺乏独立自立处理事物能力的一种心理倾向。依赖一旦成了习惯，就很难消除。女教师的细致入微、心思细密以及母亲般的呵护会增强学生的依赖心理，从而直接导致学生缺乏自信心与独立感，总是希望得到别人的帮助，愿意依靠强者，听从摆布，没有自己的主张。男生所必须具备的责任感、使命感也因此削弱。而中学生自身健康的成长的要求是不断完善自己，使不稳定的因素和意识得到加强。并且他们要适应社会的发展就必须学会自立、自信、自强，摆脱掉依赖心理，因此女教师细腻的感情对男学生的成长发展来说不是一件好事。

我们在康保镇中学采访了学校主管教育教学的侯校长，他说："现在学校普遍存在一种现象，男孩子明显缺乏活泼健康的阳刚之气，很多男孩喜欢玩一些本应该是女孩子玩的游戏，这很大程度上和女教师偏多有关。另外，女教师教育教学时容易重视女生，忽视男生，这也是一个普遍存在的现象。男教师教学则会出现相反的情况。中学老师中，女性占大部分，男教师很少，这一点对人的均衡发展存在一定的影响，有待研究解决。"

那么我们的研究主要针对目前的我国女教师占绝大多数的情况，这种情况对男学生将会产生什么样的影响呢？

女教师的优点是细心、耐心、温柔，但如果学生在女性的氛围中长大，可能造成他们阴柔有余，刚强不足。为了调查教师性别结构对男生发展的影响，我们在河北省饶阳中学采用问卷的方法，对年轻和年长的两类女性教师，从知识、能力、行为等方面设计了 20 道题目，发放学生问卷 140 份，回收有效问卷 126 份，有效问卷回收率为 90％。我们看到的结果是：

70％的男学生感觉年轻的女教师缺乏思维教育，直接影响男学生能力的发展；

70％的男生认为年轻女教师的行为方式在很大程度上会影响甚至误导男生对女性的认识；

65％的男生认为年长的女教师大部分采用传统观念约束和评价学生，造成男生形成强烈的逆反行为和思想，不利于正确思维方式的形成；

50％的男生认为女教师没有应变力，在遇到突发状况时心理素质较差，不能很好的处理；

40％的男生感觉年长的女教师缺乏激情，平淡乏味，上课不能调动学生的积极性；

40％的男生认为女教师的沟通能力差，尤其是不能很好地和男生打成一片，不能明白男生的心思，因而遇到问题时不能很好的帮助男生摆脱困境；

21％的学生认为年轻的女教师感性有余而理性不足，这或多或少会对男生思维方式的发展带来影响；

20％认为年轻的女教师缺乏经验，不能很好的教授知识。

在河口二中，我们通过对九年级男生的访谈，总结出如下三点女教师对男生发展的负面影响：

第一，女教师管理课堂的能力一般较男教师差。九年级的男生已普遍发育成熟，长得人高马大，且正处于叛逆期，从心理上就对女教师无所畏惧。在课堂上，如果一开始男生捣乱，而女教师无法将其制服，以后就会更加无法无天。有的男生就是有这种心理，反正你也不能拿我怎么样，我就想干什么就干什么，本来就不好好学习的他，因为教课的是文静的女教师，会变得更加猖狂，上课不听讲，总和别的同学说小话，偶尔欺负前边的女生，作业更是从来不交，逐渐失去上学的兴趣。

第二，女教师和男生的沟通有一定障碍。男女有别，尤其是现在的学生都是 90 后，一般年纪大些的女教师都不懂这些男生的脑子里在想什么，有代沟。比如女老师想课下和男生聊天，拉近师生之间的距离，却发现没什么双方都感兴趣的话题。

第三，女教师的喜怒哀乐不利于学生完善自己的性格。英国教育的监督机构——教育标准局的研究报告显示：男孩比女孩对教师更挑剔。青少年学生的情感特点是：有时高亢激昂，有时消沉低落，他们的情感容易受到外界环境的影响而呈波浪形起伏状态。在这次调查中我们发现：在男生的眼中，女教师在课堂上更容易带有个人情绪，这对挑剔的男生来说无疑是雪上加霜。心理学家也指出，如果教师情绪积极而稳定，就会使学生心情愉悦、朝气蓬勃、头脑清新，从而产生旺盛的求知欲望，让学生"肯学"、"善学"，进而步入"乐学"的境界，取得"事半功倍"的效果。而如果教师喜怒无常、情绪化，则会让学生无所适从，不知所措，精神压抑，甚至产生厌学乃至辍学的现象。有时还会因为女教师心胸不够豁达，承受力弱，一点点小事，就容易引起巨大的不安，产生焦虑情绪，表现在教学中精力不集中，易带有感情色彩处理问题，思想僵化。更为重要的是，对于还在模仿阶段的孩子而言，这种焦虑投射到学生身上，也会使学生在困难面前惊慌失措，缺乏镇定的自制力和乐观精神，使学生本就喜怒哀乐交织的情感特点得到进一步的扩大，不利于学生合理控制自己的感情，从而在男生性格形成和心理健康形成方面产生消极影响。

中学生，特别是进入高中阶段后，由于学生的"成人感"在此阶段加强，他们表达自己想法的愿望更加强烈，独立思考问题的能力不断提高，因此他们会表达自己的不同意见或看法。但是女教师一般不敢大胆的肯定，或虚心接受，而是谨慎地、委婉地加以否定，不正面回答学生的问题或把矛盾转移。即使女教师课前准备再充分，一旦遇到与自己设计的程序不一致的现象发生时，她会不知所措，表现出一定的紧张与忙乱，而不能大胆果断地解决这些问题。这样不仅影响提出问题的学生，还会影响到其他学生，导致学生不敢、不愿意表达自己的想法，从而造成学生课堂上懒于思考，对新知识、新事物的好奇心减弱，影响学生潜力的发挥，个性的发展。

我们在清河五中的调查中看到，这所学校女教师所占比例为 80.49％，在此种环境下，男生接触到的多为女教师，他们能够看到的、学到的也大多是女教师的行为表现。因此女教师的情绪特点与行为方式直接影响到男孩子处理问题的态度，久而久之，男孩子的人格特质势也会趋于中性化、女性化。对于处在成长阶段的学生来说，教师的一言一行都可能对其产生影响，女教师如若不能通过身教将自己克服困难后的愉快感、胜任感和成就感传达给孩子，那学生就不能体会到这些感觉和成就在生活中的重要性，从而弱化了他们的竞争意识和拼搏精神，遇到困难就退缩，不敢承担责任，失去了男人所应具备的吃苦耐劳、意志坚定的阳刚之气，容易向女性化方向发展。

男孩子幽默感的培养受到抑制，进而影响学习和身心健康。幽默是一门艺术，它赋予知识以魅力，教师若能驾驭好它，可以使知识妙趣横生，活跃学生思维，增强学习效果。在问卷与访谈调查中我们了解到，幽默感强的女教师很少，大多数女老师不苟言笑，一板一眼，拘谨严肃，女教师的这种态度限制了课堂气氛的调节，学生上课时闹了大笑话，女教师很少放情大笑，而是很快加以制止，并强行进入正规的教学当中。或者，局面失控，教师手足无措，很少能够因势利导，在轻松的气氛中引入正题。对于贪玩儿的初中生，尤其是男生而言，这种态度只能让他们觉得课堂索然无味，失去学习的热情，严重者可能对该教师产生厌烦心理，导致一门学科的学习都将受到影响。不仅如此，还间接地抑制了男孩子幽默感的培养，而具有幽默感的孩子，大多开朗活泼，往往更讨人喜欢；具有幽默感的男孩更容易融入他周围的环境，为他周围的人所接受，养成乐观积极的心态，从而使学生学习和求知更加主动，更加用心。幽默能帮助学生更好地应对生活和学习中的压力和痛苦，幽默的孩子情商更高，未来取得事业与人生成功的可能性更大。女教师对男孩的压制会扼杀男孩子的幽默感，对他们的学习、身心产生负面影响。

女权下的男孩子思维局限，学习兴趣降低。在社会疾呼教师不得体罚学生的大环境下，教师体罚学生的现象仍然屡见不鲜。而这其中，又以女教师居多。女教师本是柔性性格，可是在体罚学生这问题上表现出的不宽容，不仅会影响男孩子宽广胸襟的培养，还会影响男孩子对教师的看法。尤其是中学生，对老师的尊敬会转变为鄙视，进而对学习产生倦怠感，觉得听这样老师的课没有意思，自尊心在大庭广众之下遭到伤害，降低了学习的兴趣。

第十章 应该为男孩做些什么

在我们访问过的学校，一位老师在谈到女孩学校表现的原因时，一语道破其中真谛："女孩比较容易适应学校环境。"这位老师认为，学校（尤其是小学和初中）为男孩女孩创造了同等的成功机会，只不过女孩比男孩更容易适应，这反映在女孩比男孩 1～2 年的早熟，以及由此表现出来的能力和敏感性上。对男孩来说，他们相对于女孩的晚熟和适应力差，使他们在学习过程最重要的前几年（打基础的时候）相对落后，这注定了他们的失败。许多男孩因为早年经历过学业方面的挫折，终其一生都未能找到任何动机与学习策略使自己成为一个成功的学习者，其中有一些甚至是很聪明的孩子。在我们调查过的近百所河北省内农村或乡镇中学，我们看到无数的男生在学业上挣扎，他们费尽力气，也无法达到老师的满意和学业的标准，最后认定学校是一个让他们一事无成的地方，也是一个一旦自己有了一点独立性之后就尽快逃离的地方。那些幸运的能够达到老师满意和学业要求的男孩，也是将所有的心力花在功课上，放弃其他方面的兴趣，即使最终考上重点高中和大学，这几年的经历，也不会让他们在回忆起来的时候有幸福感。

男生相对女生的全面落败，特别是学业水平上的落后是一个综合问题，教育环境的改变也是一个渐进的过程，而教育方式、方法的改变可以在较短的时间内实现。面对男生学业水平不良的现实，我们应该关注这一问题，而且应该考虑一下我们学校、老师和全社会该做些什么来改变这种不利于男孩的状况，创造条件努力解决这一问题，为男女生平等、健康地成长多做工作。

1. 学校和教师努力的方向

（1）认识男女学生的不同。我们在第六章已经非常详细地论述了性别差异的问题，并强调了性别差异对男孩与女孩发展与行为所造成的显著的影响。比如女孩的口语能力较男孩早，男孩比较偏向体力活动，他们行为较快。越来越多的生理学和心理学的研究，揭示着男女两性间的差异，我们在此不再一一列举了。我们需要考虑的是，我们的学校和老师有没有认真对待这些差异，并想方设法根据这些差异来安排教学活动呢？

正确认识男女生成长的规律，要认识到男生学习过程中出现的问题并不是有意跟老师作对，而是其成长过程的阶段性特点。比如：课堂上做小动作，不认真完成作业，课下打打闹闹，损坏公物，时不时还可能出现一些恶作剧。类似这些现象需要老师不断地耐心引导，而不是简单地惩罚。要充分利用男生性格特征中的优点，循循善诱，把学生充沛的精力引导到健康成长的轨道上来。这就要求教师悄悄地、细心地观察学生的活动，察言观色，体察和辨认各类学生的情绪变化，以便及时了解情况。对于那些与冷静的、有秩序、有效率的女孩们相比，冲动的、混乱的男孩，我们老师们除了用一句"头脑简单、四肢发达"来描述之外，能不能想办法把他的活力引导到有意义的活动上来？

（2）给男孩的规定要明确。在组织不健全的环境下，男孩会没有安全感，会感到自己处于危险中。在睾丸激素的作用下，青春期的男孩会用武力来使混乱的环境分出秩序。而如果我们为他们提供出一套完善的、详细的、条理清晰的规则的话，并且保证这套规则能够执行，男孩们就能放松下来，不必再为该谁说了算的问题而烦恼了。很多情况下，管理一群男孩子，没有比一个结构良好的组织更能发挥作用的了。如果建立组织的人是可信赖的、有能力的领导者，比如班主任老师，而且这个组织让男孩们有一种归属感、安全感和信任感，那么他就没有必要多动用他的体力来获取这些了。

在我们为写这本书而进行调查的过程中，遇到一个这样的男孩樊××，学习基础很差，两科加起来不到 60 分，上了初中，对自己的学习没有自信心，上课不认真听讲，影响课堂纪律，甚至出现经常逃课的情况。问他原因，他说，在课堂上，怎么听也听不懂，听不懂就说话，影响课堂纪律，还惹老师生气，语文成绩120 分的题才考 34 分。后来老师给他确定了目标，每天一个小目标，如果在一天中，他的任务完成，就表扬他，一个月后，他逃课的现象明显减少了，任课老师也不再反映他上课违反课堂纪律状况。这位学生现在有了很明显的进步。

（3）对男孩进行读写能力训练。因为女孩成熟较早，她们学习事物的名称（比如动物的名字）较快，她们的听力更敏锐，在学习拼音或英语音标的时候掌握的更好。女孩较早对于阅读与语言发生兴趣。所以进入阅读或作文的教学环节之后，比起男孩，女孩们的准备更充分。在这为日后阅读能力所需要的技巧训练中，很多男孩在一开始就落后女孩许多。这使得很多男孩在较低年级的时候就被老师或家长认定为学习困难。在小学阶段，几乎所有被认定为有学习困难的学生都是男孩。为什么会这样？有一些研究指出，约 60%～80%的学习障碍者是男孩，因为学习障碍的诊断通常是以阅读能力与同年龄的智商做比较后得出的。美国华德福学校（Waldorf School）的校长说："如果太早开始教读写的话，差不多所有的男孩都有学习障碍。"美国一些研究者尝试使男孩稍晚一些入学，比如8岁的男孩与6岁的女孩一起学习，大部分被认为是学习障碍的男生便会不治自愈。在过去数十年，纽约的一所学校（Ethical Culture School）接受5岁的女孩入学，但是男孩就要到6岁。加利福尼亚州在深入探究了州立学院和大学中男女性别失衡现象后发现问题之所在：男孩没有注重高中教育，他们的等级非常差，他们的课程作业很弱，并且他们的测试分数很低。结果，有资格进入加利福尼亚州大学校园的学生中58%是女孩。

要使男孩在小学阶段不落后，加强语言的读写训练是最重要的。在初中之后，再从读写技能慢慢过渡到文学技能的训练上。

（4）让男孩多动手。男孩们通常喜欢用最直接的方式来表达自己，他们的语言技能发展较女孩迟缓，但他们也有女孩比不上的特质，即男孩活动力强，通常有很好的身体力量，很多时候他们更愿意用动作而不是语言来说话。这一特质是否有价值，取决于老师以及他所安排的教室活动。如加强实验操作、通用技术、社会实践等活动性课程，使男生旺盛的精力有更多的用武之地。

发挥男生逻辑思维和空间想像能力强的特点，发挥男生的理科特长。通常情况下，男生逻辑思维和空间想像能力高于女生，而女生形象思维和语言能力高于男生。这种现象随着年级升高会表现得很明显，高中理科尖子生往往男生较多，大学理科专业也是男生占多数。在教学过程中，要充分发挥男女生不同的优势特点因材施教，创造有利于男女生共同成长的良好条件。

（5）营造鼓励男孩参与的学习氛围。在缺乏规则的环境里，比如一个管理混乱的班级，男女儿童的表现是完全不同的。女孩常常焦虑，她们胆小害羞、沉默不语，男孩则会到处乱跑，大喊大叫，到处惹是生非。其实这正是男孩内心忧虑、焦躁的反应。甚至有研究发现，一个混乱的班级或校园环境，会使男孩体内的睾丸激素水平上升。而通常所说的混乱的班级，一般就是一个缺乏学习气氛的班级。

老师要注意营造一种竞争学习的优良班风，人人爱学习，人人争学习，这样的学习环境能很好的激发学生的学习动机。点燃学生的激情，创造一种与学生共同探索知识的活跃的课堂气氛，提高学习兴趣；巧妙引入新课，诱发学习兴趣；处理好教与学，讲与练的关系，激发学习兴趣，让学生充分参与教学过程，表现自我，变"要我学"为"我要学"。

（6）多与男孩家庭沟通。教育活动是一项复杂的系统工程，只有构建和健全学校、社会、家庭等教育网络，形成合力，突出学校教育的主渠道功能，充分发挥社会教育、家庭教育的重要作用，才有利于学生的健康成长。学生家长对学生要求严格无疑是正确的，"望子成龙"的愿望也无可厚非，然而任何事物都要有个"度"，都必须建立在合理且可能的基础上，不过"度"，不"盲目"。教师要经常与家长有效沟通，让家长时刻了解孩子的成长，不提过高要求，促进孩子心智发展。

（7）不要吝惜对男孩的表扬。农村教育目标的偏差，使农村学生承受着因激烈的学习竞争所带来的巨大心理压力。所以，重整教育目标乃是改变学生失败心态的重要前提。在此基础上，教师还应该对学生实施成功教育。简单说来，首先，在尊重和信任学生的前提下，教师应该制订符合学生实际的教育要求，以学生努力一下就能达到为宜；其次，要把教学内容进行分解，然后分层递进、循序向前，使学生层层有进展、步步有深入、处处有成功；再次，还要注意教育方法，最好的教育方法不是批评，也不是表扬，而是鼓励。鼓励则是要使学生认识到其内在的潜力和可能达到的目标，及时而恰当的鼓励不仅没有副作用，而且会使学生逐渐从失败的心态中走出来，重新激发起学习的兴趣。

教师在学生参与活动后作好鼓励性的讲评，表扬那些认真胆大敢于开口的学生，比如在英语教学中，特别要表扬鼓励那些原来英语基础较差的学生，以激发他们的积极性，增强他们学好英语的自信心，为下一次自由对话活动排除心理障碍。

在学习中，男生如果获得成功，就会产生愉快的心情。这种情绪反复发生，学习和愉快的情绪就会建立起较为稳定的联系，他们对学习就有了一定的兴趣。正如原苏联教育家苏霍姆林斯基所说："成功的欢乐是一种巨大的情绪力量，它可以促进儿童好好学习的愿望。请你注意无论如何不要使这种内在力量消失。"因此，教师不要吝惜自己的言辞，多给男生一些表扬，不管多么简单的问题，只要他们答对了，哪怕只是答对了一小部分，就说一句："非常好"，他们的学习积极性一定会更高。例如，某乡村中学学生张××，在班上是一位害羞的男孩，成绩处于上游，但是没有自信，总是担心自己考试发挥失常，考不好。针对这种情况，心理老师先问了原因，给他做了工作，而后在课上锻炼他的自信心，一有时间就让他多回答问题，多表扬他，经过努力，他的成绩又上了一个台阶，性格也开朗起来。

（8）教男孩学习的策略。使他们明白只有自己亲自参与、独立解决问题，才能真正锻炼自己的思维、开发自己的智力、发展自己的能力。否则，仅仅知晓一个个问题的现成答案，没有参与思考、解决问题，思维就得不到锻炼，一味的只是接受，时间久了，定会一无所获。人的大脑就像一部机器，常用常新，越用越灵活；如果放在那里不用，就会生锈。

学习方法不当，严重影响学生的原动力。有的学生想学好，但没有好的学习方法，又缺少科学的引导，耗费了时间，成绩并不理想，久而久之，会产生自我否定，产生挫败感，丧失自信心。学习不是简单的"做题"、"背"就可以了，在学习中找不到快乐，就是不得法。在教学的过程中，教师要借助各种途径引导学生进行反思、感悟与体验，使学生发自内心地体会到学习策略的重要性，从而使学生主动、自觉地学习和运用学习策略。学生自身要强化学习策略意识，积极主动建构自己的学习策略。学校教师在强化学习动力指导中，要特别关照那些智力一般的学生，对他们的努力与勤奋着重给予鼓励和信任，用以引发及强化他们内在的勤奋精神和顽强毅力。要让学生知道，勤劳的品质、良好的心理素质在智力发展中能起到以"勤"补"拙"的特殊作用，持之以恒同样可以使他们在事业上获得了巨大成功。

（9）激发男孩成就动机。首先，通过激发学生的理想目标，打开他们的心锁。心中没有目标，没有梦想，就像走路的人，不知道目的地，越走越消沉，越走越懒散。高目标、低要求，让学生把大目标化解成可胜任的小目标，跳一跳，够得着，不断强化胜任感、成就感，从而燃起自信的火焰，重新启动发动机。要加强对农村中学生成就动机的教育。研究表明："追求成功"的动力越强，成就动机就越强；"害怕失败"的动机越强，成就动机就越弱。学习动力来自于追求成功，成就动机强的人，对成功感到骄傲，对失败却不那么沮丧。他们的情绪积极健康，敢于大胆追求，对未来成功希望的估计比较高。而成就动机弱的人则相反，他们对成功没有多大追求，却非常害怕失败，思想负担重，焦虑程度高，心情压抑，对未来成功的希望估计偏低。虽然，追求成功和回避失败都能促使人去学习，但在心理上的作用却不同。追求成功使人振奋、积极进取、乐学好学，学习效果就好；回避失败使人忧心忡忡、焦虑压抑、消极被动、怕学厌学，学习的效果也就不好。因此，中学男生应以学业进步、求知成才为奋斗目标，而不应以考试过关为学习目的，这样才会慢慢培养并提高孩子的成就动机。

心理学研究表明，每个人都有追求成功的心理倾向，希望被人重视和赞赏，渴望在成功的体验中获得心理的满足。由于农村学生所处的环境和家庭条件的影响，加之学校教学内容过多，教育方法不当，以及学习竞争异常激烈，使得绝大多数农村学生在学习过程中常常遭受失败的打击。这不仅使他们逐渐失去了学习的动力，也使他们产生了放弃或逃避学习的倾向，最终导致求知欲和学习愿望的丧失。但是，即使是学习最差的学生，追求成功的心理倾向也没有完全泯灭，而只是在一定程度上被压抑了。他们或者用反常的方式来表达，或者把这种倾向宣泄在其他活动中，或者用逃避、退缩等否定性行为来肯定自己。可见，正是学习失败体验的不断累积，造成了学生辍学现象的普遍发生。

为了学生有好的成绩，教师在教学中激发和维持学生的学习动机是减少学习不良的必要的、重要的措施。在教育教学实践中，教师首先应从学生实际出发，采取主动而适合学生心理发展的形式，向学生提出明确、适当的学习目标，并利用学习结果对学生目标进行正确的评价和反馈，使学生既能够看到自己的进步，提高学习积极性，增加努力程度，又能看到自己的不足，激起上进心，克服缺点，改正错误，让其形成正确的自我概念，提升自我评价能力和标准。其次，教师要运用多种形式、多种策略培养学生的学习兴趣，提高学生学习能力，并鼓励、指导学生对学习成败进行正确的归因，这样可激励学生的学习动机，提高学业成绩。

适当开展竞赛是激发男生学习积极性和争取优异成绩的一种有效手段。通过竞赛，他们的好胜心和求知欲更加强烈，学习兴趣和克服困难的毅力会大大加强，所以在课堂上，可以采取竞赛的形式来组织教学。例如：可以把他们分组，提出的问题让各个小组分别解答，然后给每个小组评分，得分最高的给予表扬，甚至可以准备一些小奖品，这样可以充分激发男生的学习积极性。

男生学习的情况怎样，这需要教师给予恰当地评价，以深化他们已有的学习动机，矫正学习中的偏差。教师既要注意课堂上的及时反馈，也要注意及时对作业、测试、活动等情况给予反馈。使反馈与评价相结合，评价与指导相结合，充分发挥信息反馈的诊断作用、导向作用和激励作用，深化他们学习的动机。

（10）适当的招生倾斜。位于美国克里夫兰东部的湖滨（Lakeland）社区大学是美国几百所正面临着无法解决的性别问题的大学之一。男性注册上学的比例越来越低，已入学的男性越来越多地遭遇学术困难，完成学业的女性远远多于男性。更糟糕的是，情况越来越严重。在佛罗里达州圣皮特伯格大学，男生的比例降到了 37%，这比全国平均水平要低得多。在美国，自男女有了平等权利后，特别是经历过 20 世纪 70 年代女权主义运动的洗礼之后，女性在学业上全面超过男性。美国大学本科毕业生男多于女的最后一年是 1985 年，从那以后直到今天，女毕业生比例一直高于男毕业生。2005 年男女毕业生的比例是 100：133，2010 年这个比例将达到 100：142。男性似乎已经成为弱势群体。

因为大学里男女生失调，许多大学想尽办法多招男生。男女生申请入学者如果条件相当的话，几乎肯定是男生被优先录取，甚至许多男生会挤掉条件明显优于自己的女生。大学招生对男生的倾斜，已经成为一个公开的秘密。2007年6月，美国《新闻世界报导》的作家亚历·金斯伯里的一份围绕国家关于对女孩的偏见的调查曾让大学招生办公室尴尬不已。报告中发现一些大学为了试图扭转校园内性别失衡现象，在录取新生的过程中偷偷降低了男生的录取条件。例如，弗吉尼亚州私立里士满大学，以及公立的威廉和玛丽学院，都在这么做，有人指责这些大学公然进行性别歧视。

但也有人认为这样做是合情理的。性别问题专家汤姆·莫坦森说，为了维持性别平衡给予男孩适当优惠的做法是合理的。如果一个大学想要更多的小提琴家、橄榄球运动员、非裔美国人或男性，这应该是其学术自由的一部分，并且这一自由给了在高中阶段遭到抛弃的男孩一点喘息的空间。而且，这样做不仅对男生有利，对女生也有好处。大学不是修道院，年轻人不仅在这里读书，更是一个交友与求偶的地方，只有维持适当平衡的男女比例，大学校园才不至于表现出过于女性化。

在我国当前的教育制度下，招生政策向某一性别的倾斜，似乎是一个不可能实现的事情。但是，要想较好地解决男生学业落后的现实问题，在政策上或技术上向男生倾斜不失为一个可行的手段。我们在此提出这一点，希望能引起决策部门的考虑。

2. 教男孩情绪管理

每一个落后的男孩背后可能都有一段不同的故事，但这些不同的故事却都有一个共同的主题，那就是情感上的疏离与忽略。传统的性别印象中，男性是坚强的，是"有泪不轻弹"的，这妨碍了男孩承认与表达本身的情绪，也阻止了男孩的情感发展。这一刻板印象使男孩们逐渐弱化了健康的沟通、情感的认知与表达的能力。即使年龄很小的男孩，也由此知道必须将害怕的感觉隐藏起来，当他们一旦面临威胁的时候，所采取的大都是"战斗或逃离"的反应。因此我们看到很多因生活在不和睦的家庭或学校而感到心灵受伤的孩子，他们出现的反应要么是狂风暴雨般的愤怒，以及由此产生的欺负、打斗、伤害、破坏式的外向行为模式，要么选择沉默、沮丧、内疚、退缩等内向行为模式。与女孩相比，男孩在表达情感上更易于走极端。

在缺乏有效的针对男孩情感训练的文化背景下，我们发现，事实上大部分男人，无论任何年纪，都没能准备好成为一个情感健全的人。在教育的过程中，许多女孩很早就被鼓励发展情感的表达能力，被尽力鼓励表达自己的感觉，对别人的情感做出适当的回应。而大部分男孩则没有这种教育的机会。小时候他们的表现是忽略他人，无论是在家还是游乐场所；稍大一些进入学校后，那些动不动就爱发怒、摔打东西、吵闹的男孩是每一个老师的梦魇，那些无可奈何的老师和家长们大多数时候宁愿相信随着时间的推移，这些男孩们会自动成熟起来。确实有一些男孩按照我们的期待成熟起来了，但是还有很多男孩一直将这种"不成熟"保持到成年。男孩情感上的欠缺无疑会影响到别人，也会伤及自己。我们在此可提供一个粗略的统计数字，95％的少年杀人犯是男孩，80％的少年犯罪者是男孩；15岁男孩的自杀率是同龄女孩的8倍。

当然，杀人、犯罪和自杀都是非常极端的表现，大部分男孩即使愤怒或痛苦，也不会轻易做出这类举动。那么他们又会怎么样呢？他们大都是安安静静承受着情绪的折磨，他们在缺乏帮助的情况下奋力寻找自尊，他们经常用冷漠或残酷的方式来对待他人或女性们，以此来掩饰或逃离自己真正的情感。他们内心涌动的冲动最直接的表现就是学业不良、校园欺负、沮丧退缩、烟瘾、酒瘾或网瘾……

我们必须关心男孩情绪的发展，因为一个困惑的男孩会长成一个愤怒的、情感上孤立的少年，可以预期的是，他会变成一个孤独的中年男子，不断承受沮丧和失败的风险。

心理学研究试图比较男人和女人、男孩和女孩在情感知觉方面的差异时，总能发现男性在各个年龄段均远远落后于女性。比如如果将一系列图片分别拿给男孩和女孩看，并要求他们表达当中的情绪时，男孩的表达在细致与精确程度方面总体都比女孩差得多。男女婴儿在出生时，男婴的情感互动程度并不比女婴差，比如说，当男婴觉得沮丧或者有需求时，他们哭得频率高于女婴。但是后来的发展却是，当男孩渐渐长大，他们所表达出来的情绪成分越来越少了。这是因为男孩们在生理上变得麻木迟钝了吗？生理学研究表明事实并非如此。在测量因情绪引起的心跳或皮肤电反应时，男女儿童的反应并无明显差异。这至少告诉我们，男女儿童在情绪表现上的差异，不能完全归因于生物因素。尽管我们在前面谈到了男女的生物学差异，但我们更强调的是，文化与教育的因素进一点强化了由于生物因素所造成的差异。

情感的学习与认知的学习一样，也需要用说明、解释、举例、类比等方法来理解诸如悲伤、愤怒、羞愧等描述情感的概念，就跟我们教孩子学习阅读一样，先要学习拼音和生字，然后才学习词组和造句，情感的训练也是由简到繁、由浅入深的过程。一开始我们要帮助男孩们厘清自己的感觉，承认自己的感觉，以及找出这种感觉由何处而来。接下来再发展他们的情感表达能力，比如告诉他们并不只有愤怒与好斗等有限的方式才能表现情感，除此之外我们还有情感语言诉说、合理范围内的宣泄等更多、更合理、更安全的方式。

男孩所受的错误的情感教育来自社会文化、家庭和学校，围绕着男孩身边的大部分成人——父母、老师、长辈以及电视、电影、网络中的人物，用错误的方式教育着男孩如何与他人相处，如何表达着自己的情感。比如即使在孩子很小的时候，父母对待孩子的方式上就已经体现出明显的性别刻板印象了：女孩子哭了，慈爱的父亲会跑过去抱起女儿安抚，而男孩子哭了，爸爸们的反应通常是"哭什么哭！这点小事也值得哭吗?"或者"是男子汉，就不要哭!"等等。我们身边很多的父亲是以自己的儿子很少哭、从不哭或从来不表现出胆小、害怕或恐惧而自豪的。

研究指出，在孩子的幼年阶段，父亲对于儿子和女儿的态度就大相径庭。一般来说，父亲与女婴相处时会比较温柔，也会轻声细语地跟女儿说话。在孩子成长中，父亲对儿子的态度越来越粗暴，越来越不关心孩子的生理情感，或者说越来越不表现出这种关心。他更习惯于去纠正他的行为，而不是欣赏他。从男孩的角度来看，当他们想找人宣泄情绪时，父亲也通常是不可能的人选。因为现实中的父亲，特别是中国农村的父亲，大多缺乏处理情绪的经验，父子之间的对话少有感情的部分，更多只是表面上的物质关系：父亲提供零花钱，儿子则以服从或尊重来做回报。儿子说的话，通常被父亲认为是要么是不切实际的梦话，要么是缺乏深思熟虑的冲动，仿佛双方都觉得没有进入更深层次感情交流的必要。

男孩情感的发展主要取决于父亲的努力，如果父亲期待着与儿子建立更有感情的满意的关系，就必须及早奠定基础，用一种简单而有意义的方式营造父子间的私密空间。新的情感方式会逐渐形成，以持续的爱代替情感缺乏的伤心失意。在这里我们再次强调父亲榜样的作用。一个男孩需要一个具备丰富情绪生活的男性成人，他需要一个情感学习导师，目前看来最有可能承担这一角色的人就是父亲。在倾听男孩们诉说感觉时，父亲不要批评和做出主观评价，关心他的问题但不必事事都提供独断的答案。父亲们必须随时牢记这样一个事实：每个男孩的内心充满着情感，而且每个男孩，跟女孩一样也有脆弱的时候，我们甚至不能因为看到某个男孩总是强大自信的样子就想当然地以为他不需要情感上的关怀与引导。要利用一切可能的机会，帮助孩子学会探究自我内心的过程，在此基础上培养他们的同情心与良知。

3. 职业技能训练

农村初中教育承担着两项任务，一是为上一级学校输送合格新生，二是为地方建设培养劳动后备军。就目前普通高中办学规模和招生数量来看，农村孩子能进入普通高中继续学习的学生所占比例有下降趋势。而能够升入大学的农村学生，比例越来越低了。为此，我们建议在农村初中普遍增设农（职）业基础或技术课程，推行"普职"兼修。在保证学生学到必备的文化基础知识同时，学习掌握基本的劳动技术和生存技能，真正解决其学有所获、学有所用的问题。让学生升学有基础，务工有技术，就业有特长，这样就能激发和调动学生学习的兴趣与动力，为学生积极主动的学习、减少辍学奠定基础。

美国加利福尼亚罗森斯托克（Rosenstock）学校是一所职业高中，男孩们在这里取得了不错的成就，个中原因其实很简单：学校的课程将他们的头和手结合起来，男孩们在这里可以学习木工技术，他们跟文法中学里的那些中产阶层的孩子们一样聪明，但是在他们开始职业类课程的学习之前，他们中的人几乎没有人认为自己是聪明的，因为他们的学业成绩远远落后于那些中产阶级子弟。在盖茨基金会和高通公司（Qualcomm）总裁加里·雅各布（Gary Jacobs）的支持下，现在该校已经成为一所有名的动手学习学校，将旧式职业教育中最好的部分与包括高水平读写能力大专预备课程完美地结合起来。学校接到的入学申请应接不暇，其中60％的学生是男孩，许多人来自非白人的、低收入家庭。

开展农村职业教育，可以大大拓展基础教育的出口。现在，农村学生出路比较单一，考不上大学，就得回家种地，要么外出打工，成为民工大潮中的一员。新的"读书无用"思潮泛滥，使部分学生乃至家长对上学的作用产生了怀疑，动摇了学生求学的根本。农村家长供养学生上学、学生能够努力学习，目的就是想通过升学跳出农村，改变生存环境。而就业难的现实基本上阻断了大多数农村学生这条希望之路，使部分家长失去了送孩子上学的热情，学生也逐渐失去了学习的内在动力。于是，弃学、辍学、外出务工、经商或学习技术，以图早日就业、挣钱发财的现象就频频发生了。

有学校的老师曾给我们讲过这样一个案例：他1999年教过的一个农村孩子，高一没上完就学去兽医了，十年后的2009年，当老师再次见到他时，他已经有了自己的私家车，每年收入至少6万元。而他的同学们，有的费尽九牛二虎之力考上大学之后还在为月薪2 000元而奋斗。其实，对于农村来说，并非真的是"读书无用"，关键要看"读什么书"，也就是说学习什么样的知识更重要。我们能说"兽医"、"汽车修理"等等就不是"读书"吗？从农民们最现实的生存角度来看，与其坐在教室里读没用的书，还不如早早去学着做一个熟练的技术工人。我们的学校教育，有没有考虑从农民的这一实际需求出发来设计我们的教育呢？

在课程设置上，要本着使学生既能学到文化知识、又能有多种出路和前途的原则。在开设文化知识课程的同时，还要开设面向农村实际的丰富多彩的课程，如农田水利资源开发，农药化肥使用，育种、植保、养殖技术，农作物深加工与营销，以及农村财会、商务等等。其次，在时间安排上，应该根据学生的实际情况和自身意愿，在适当的时间（例如在初中二年级）对学生实施分流，对学生进行分别教学。再次，在教育评价上，不能仅仅以重点高中升学率作为评价学校教育的主要指标，而要把各类高中的升学情况统筹计算；不能仅仅把学校升学率的高低，更要把学校是否培养学生具有多种出路和前途作为评价学校教育的指标。此外，学校和教师还要做好对学生及其家长因势利导的工作，分析形势、阐述原因、讲明利害，使教育分流能够顺利进行。笔者认为，这样才能使每个学生都能学有所得、学有所长，使辍学现象得到有效缓解。

4. 鼓励男孩参与体育活动

在西方社会体育自古以来就是训练精英的重要手段，这一科目一直在西方的文化传统中保存下来，一个根本的理由是其对人生的教益。从古希腊时代开始，体育等课外活动就占据着西方精英教育的首要部分。上流社会认为，运动场就像战场一样，是培养人格、塑造领袖的地方。即使在美国著名的常青藤大学，这些以培养未来社会的领袖为己任的大学，虽然从 20 世纪中期开始越来越重视学术表现，但仍有很多人习惯性地认为，学术只反映了人的一个侧面，人格、领袖才能等等，必须仰仗体育来培养。所以美国的名牌大学的录取新生的时候，表面看上去是 SAT 等分数的竞争，体育的竞争也同样是必胜的筹码。

美国的学校，从小就训练孩子从事体育运动，除了学校的体育活动外，校外的运动培训班也是遍地开花，美国职业体育的运动员和观众都是被这样的教育塑造的。打开美国的报纸，看一些新闻人物的介绍，比如被提名的大法官、刚刚崭露头角的政治人物、企业领袖，在谈到他们的学生时代时，常常有他们球队里的照片。可以说美国社会的男性精英，没有哪一个不是在上大学之时以及之前，就是一个运动好手。前总统布什是运动迷，他的习惯是在健身房利用健身器材及跑步机强身，他的重量训练还包括坐姿推举、扩胸与扩背运动。他每周跑步 4～5 次，举重至少 2 次，因工作繁忙，经常利用一切可以利用的时间跑步，有的时候居然在出国访问的途中，在空军一号专机的跑步机上练起来。2004年民主党候选人、参议员克里，比布什运动更在行，冰球、足球、自行车、帆板、滑雪，无所不玩，无所不通。更不用说曾任加利福尼亚州州长的施瓦辛格是前世界健美冠军。现任美国总统奥巴马也算得上是一位运动健将，他在海滩上展现健壮的肌肉的图片，迷倒了全世界的女性……美国人坚信培养男性精英，必须从体育抓起。

中国的教育，注意学生知识的培养，中国传统的精英都是手无缚鸡之力的士大夫，信奉的是"劳心者治人，劳力者治于人"的哲学。这样的文化，在教育中当然会表现出对体育根深蒂固的轻视。而在古希腊传统影响下的西方教育，则注重的是学生的人格发展，体育是培养人格的重要手段，常常被抬得比知识训练还高。柏拉图说过，希腊的体育是建筑在平等和自由的基础之上的。希腊的士兵，实际上是城邦国家的中上层阶级，当兵是一种荣誉，打仗是为了保卫自己的财产、生活方式和价值观念，代表着公共美德。

体育的最大好处是能够在短时间里把人生以游戏的方式给你演绎一遍，有始有终，让你懂得怎么奋斗，怎么处理和队友、对手的关系，怎么去制胜，怎么输得起，怎么在逆境中奋发。体育把复杂的生活简单化了，让你有亲历的经验，让你事先理解许多事后才能理解的东西。更重要的是，体育最真实、直观地模仿着生活中的竞争。在计划经济时代，我们的生活都是被别人安排好了的，自己按照别人的要求掌握若干技能就行了，不需要体育来作为教育手段。如今我们生活在市场经济社会，机会不是别人分配给你的，一切都要通过竞争得来，所以你必须从小学习竞争。

体育对于男孩子具有特别重要的意义，如培养顽强拼搏的气质，培养与人合作的习惯，释放巨大而难以控制的能量等等。运动心理学研究表明，进行体育活动有助于人体骨骼的生长和发育，有助于增加肌肉的体积和力量。中小学生正处在身体生长的关键期，有资料表明，经常参加体育锻炼的学生与同龄人相比，身高平均高4～7厘米。经过长期的运动，人体肌肉的比重可由占体重的40％增加到50％，因此体育锻炼可以明显改善人体的形态，经常参加体育活动的人身材明显匀称，动作更和谐，身体素质更好，抵抗疾病的能力也更强。

鼓励和支持男孩子积极参加集体活动和社会实践，养成开阔的胸怀和高度的责任感，调解学生的学习压力，宣泄学生旺盛的精力和情绪。男孩教育从体育开始，要鼓励和带领孩子在体育运动中强健体魄。运动本是男孩的天性。如今我们很多父母将注意力转移到孩子身上，已经从过去的放任自流，走向了另一个极端的过分爱护。表现为家长几乎剥夺了男孩的天性，舍不得让孩子蹦蹦跳跳，生怕孩子受到丁点的伤害。所以，学校应该承担起重任，比如说可以增加体育课的课时，保证每周有 2～3 节体育课，保证每次体育课中男孩都能获得足够的运动量。此外，提高农村中学体育课的质量尤为重要，增加一些适合男孩子的体育活动，必要的话重拾跳山羊、单杠、双杠等体育项目。

体育锻炼最重要的一点就是要考虑到孩子的特点。青少年身体各项素质均有一个敏感发育期，如果错过了这一时期，则体质发育就会深受影响，而且这种影响是很难通过后续的锻炼得到弥补的。男女青少年身体素质的发育水平是不同的：例如身高增长关键期，女孩是 11～13 岁，男孩是 13～15 岁；跳跃耐力增长女孩为 9～10 岁，男孩为 8～11 岁；背肌和腿肌力量增长期女孩为 9～10 岁，男孩为 9～12 岁。可见男女儿童身体素质的发展关键期是不一样的，学校体育活动或体育课的安排应当尽可能地考虑这些差异。小学阶段主要发展孩子神经系统与视听系统之间的平衡、协调，提高孩子肌体反应的灵敏度以及肌体的柔韧性；进入青春期以后，在进一步加强灵敏、速度性锻炼的基础上，应加强力量素质训练；当青春期结束时，孩子身高增长放慢时，可逐渐增加负荷训练，以增强肌肉的力量。

没有什么比体育能更好地锻炼男性气概的活动了，它不仅能让男孩们从中学到技能和增长力量，也会让他从中形成生活态度和价值观。当孩子刚刚学会拿住篮球或握住乒乓球拍的时候，他们就在开始学习许多重要的人生道理了。比如输了怎么办？（不要哭，不摔打球拍，不要骂人。）赢了怎么办？（要谦虚，不要太得意，否则会引起别人反感。）如何成为团队中的一员？（互相合作，认识到自己的欠缺，也承认别人的努力。）如何能做得更好？（要坚持训练，提高技能。）如何实现长期目标？（要通过奉献和牺牲某些利益才能达到。）如何通过实践来做好生活中的所有的事？运动的一个更大的价值是，它为男孩们提供了一个近距离接触父亲、其他男孩子和男人的机会，也是学习获取男性性别角色认同的最佳机会。虽然男孩女孩参加体育活动的好处一样多多——有趣、锻炼身体、呼吸新鲜空气、塑造性格、培养友谊以及有成就感和归属感，但是对于男孩来说，这显得尤其重要。

5. 树立男性榜样

青少年时期的主要成长目标是在两个方面达成统一：一方面是亲密性、融合性和联结性，另一方面是分离性和个体性。女性关注的是联结和亲密，而男性关注的则是分离和分化。因此，父母可能互补，为青少年既提供榜样又提供关系。一些专家在以色列和墨西哥的研究表明，父亲比母亲更能鼓励孩子的坚持性和独立性，父亲与孩子的关系更像"同伴关系"，更可能促进平等的交流。父亲对男孩的影响是极为关键的，对于女孩的智力成就也具有重要的影响。

在我们的调查中接触到一个这样的个案：刘小龙（化名），是河北省承德县头沟咏曼中学七年级学生，在老师和同学心目中是一位品学兼优的好学生，在最近的期中考试中名列班级第一，年级第19名（全班48人，全年级共390人）。这个男孩说话得体，举止落落大方，语言表达清楚流畅。在调查过程中，他谈到目前他的理想是考进年级前15，他从上学期到现在成绩提高了很多，但他对现在的成绩并不满意，觉得自己的潜力没有完全发挥出来。他最喜欢的学科是数学。他说自己从一上中学以后就开始在学校寄宿，和父母接触不多，父母的文化水平也较低。他的哥哥考入了中国矿业大学，一直是他的榜样。他也希望自己将来能像哥哥那样考上名牌大学，从事自己喜欢的工程类职业。

前面我们已经谈到，教师的性别影响着其教学方式以及他们与学生交往的方式，这必定会影响到学生学业表现和身心发展。有充足的理由证明，男教师的存在，将给我们的课堂和运动场带来不同，他们将以女教师所不能的方式给男生提供帮助。更重要的是，他们能为男孩们的成长树立起榜样。为此也提醒教育部门，在聘任教师时，应注意适当保持男性的比例，同时要切实提高教师地位和待遇，才能吸引更多优秀男青年进入教育行业。

在我们走访过的学校里就听说过这样一件事。在一所规模很大的乡镇中学某个年级，通常是女孩们独领风骚的英语课居然很受男生们的欢迎，原因是新任的英语老师是一位非常优秀的男性。他刚刚大学毕业，年轻健康，热情友善，积极向上，也不失严厉。男生们认为这位新老师很酷，因为他的知识面很广，好像什么都知道，平时最喜欢跟同学们一块去操场打篮球，而且水平还不错。他热衷所有的户外活动，在男孩们的眼中，这个老师具备了让他们崇拜的一切要素——酷、博学多才、充满男子气概。尽管这个老师在课堂上也会像其他老师一样严格监督着学生，但男孩子们居然都能规规矩矩地听课、背单词、写作业，下课的时候也会往他的身边凑……

一位在农村中学做班主任的男性数学老师，不仅把班上每一个同学的名字熟记在心，对每一位家长也十分了解，他非常乐于跟家长们打交道，把孩子们在学校的表现向家长通报，说服他们监督孩子放学后或晚上做功课，如果有做不出来的题目可以打电话给他。班上有几个家住得远的孩子，遇到天气不好的时候甚至就吃住在他的家里。他的班级的数学成绩好于其他班，包括入学时数学成绩最差的孩子都有了进步……在这个偏僻的农村中学，他就像是孩子们的保护神。

马克·吐温曾经观察到一个有趣的现象，一个男孩在大约 12 岁的时候会开始寻找一个男人，作为他一生中崇拜与模仿的偶像。在选择偶像时，男孩有时是不知不觉，甚至会特意避免，但最后还是会发现自己的偶像就是父亲。不管做儿子的如何努力让自己的生活方式脱离父亲的模式，但最后他们还是会面对面地交锋。其实，不论实际上有多困难，不论要忍受多少分离，每一个做儿子的在心中都有一个最深的渴望，希望能爱他的父亲，也为父亲所爱、所理解。

近些年，美国学术界正在掀起一股关于父子关系的研究浪潮，尤其是在美国联邦政府宣布父亲在家庭中的缺席正在对美国造成"最严重的社会问题"之后。这场研究风潮中提出的许多证据表明，一个家庭中如果有父亲，特别是父亲所扮演的是一个主动的、参与的角色时，将对孩子的成长有积极的影响。这样的家庭的孩子普遍心理健康，学校表现好，也更容易找到较好的工作。以一项由西北大学（Northwestern University）格雷格·邓肯（Greg Duncan）博士主持的研究为例，通过对全美国境内的 1 000 多个家庭的长达 27 年的跟踪研究发现，家庭生活的各个层面对于孩子未来的职业与收入有很大的影响。选择的变量包含父母的职业、教育水平和智商等，也包括一些通常被认为不太重要的因素，例如父亲做家务的频率、父亲在闲暇时是去酒吧喝酒还是留在家里看电视、一家人一起吃晚餐的频率、一家人上教堂的频率以及父亲参加孩子家长会的频率等等。结果让人吃惊，在诸多因素中，父亲参加家长会的频率与孩子在 27 岁时的收入之间有着非常显著的正相关。

另一项由美国北卡罗莱纳大学（University of North Caroline）研究人员对 584 位来自于完整家庭的孩子所进行的长达 11 年的研究也证实了这种相关性的存在。研究开始时，这些孩子的年纪为 7～11 岁，研究结束时，他们已经是 18～22 岁的成人了。研究的重点是，在孩子步入成年期的过程中，父母之间的亲密度与对家庭的参与度，对孩子心理和教育方面的影响。他们发现，如果父亲与孩子在情感上很亲密，对家庭活动的参与度高的话，孩子在学校的表现很好，也不会成为少年犯罪者，也很少会有欺负他人、破坏公物以及贩卖非法药物的行为。在母亲的参与度方面，则没有显示出差异性。这并不是说母亲对家庭不重要，而是说一旦父亲参与度提高了，对整个家庭特别是孩子的成长就发挥了强有力的积极影响。

所有研究表明，如果家庭中的父亲是一个积极的、主动的父亲，他会对儿子付出更多的时间和精力，尤其当男孩处于青春期的时候。在男孩的情感发展过程中，父亲的角色举足轻重。此外，一个成功的父亲也扮演了类似护卫者的角色，使自己的孩子远离不适当的影响，比如不良伙伴、不良媒体书籍以及容易诱人上瘾的不良习惯，如泡吧、吸烟和上网等。

6. 探索单性别教育

现代教育的基本价值观是教育公平。教育公平在内容上是广泛的，性别公平是其中最主要的内容之一，但也是一个常常被忽略的问题。长期以来，世界各国在女童教育上都投入了巨大精力，使女童的教育参与和学校成就都有了较大提高。相比之下，男孩似乎陷入严重的危机之中，我们的教育，我们的学校，到了该为男孩多想一想的时候了。

承认、尊重男女生的差异性，实施差异性教育，不仅要认识到学生的差异，而且要注重学生的差异，也许是对待差异的最好的办法。差异不仅是教育的基础，也是学生发展的前提。每一个学生都是一块有待开发或进一步开垦的土地。教师应该视学生的差异性为一种财富加以珍惜，使每一个学生都在原有的基础上得到完全自由的发展。

面向全体，因材施教。德国教育家第斯多惠说："应当考虑到儿童天性的差异，并且促进其独特性的发展。不能也不应使一切人都成为一模一样的人，并教给一模一样的东西"。教师要面向全体学生，切实关怀每一个学生，积极创设丰富、宽松、和谐的教育环境和接纳的、支持的、宽容的教育氛围，多给学生心理上的支持和精神上的鼓励，尽可能真正做到因材施教，在集体教育中张扬每个学生的个性。

前文中我们已经谈到，男孩和女孩的学习方式和速度是不同的，这一观点不带有任何性别歧视的意义。想想我们在幼儿园和小学校经常能看到的场景吧：当孩子们领到写字或画画的任务时，女孩们正确地拿起笔，并且以一种几乎完美的方式画出流畅的符号或图形，同时，男孩们可能正像紧握着匕首一样握着笔，在纸上成功地戳几个洞……，但是多年之后，这些无法横平竖直地写出一个汉字的男孩，其中一些人进入了各地的重点学校，最终可能通向清华、北大这样的大学。

很多研究表明，男孩女孩的学习是不同的，女孩喜欢合作学习，而男孩喜欢竞争学习。生物学理论证实，尽管男性女性的潜在能力几乎不存在什么差异，但是男孩和女孩似乎有一种以不同方式发展自己能力的先天倾向。并且男孩和女孩的生物学差异也自然会导致父母与老师以不同的方式对待他们。所以，考虑到男孩和女孩在生理、心理、学习风格等各方面那么多的不同，为什么不能设想去建立一些单性别学校，或者班级来分别教育我们的儿子和女儿呢？在这方面，让我们来看看其他国家是怎么做的。

（1）美国的单性别教育。在美国，从1997年加利福尼亚首次开始在公立学校系统内进行男女分校教学以来，这一做法一直争议不断。2006年，美国联邦教育部门为公立学校开通了一条试验单性别教育的合法道路，单性别教育的支持者如愿以偿。在两年时间里，全美国共有514所学校为家长提供了单性别课堂的选择。最典型做法是，假如一个学校某年级有4个班级，其中两个班级可能是单性别课堂。大多数校长都接到了来自家长们的热烈反应，等待着想进入单性别课堂的孩子的名单越列越长。

到2008年为止，南卡罗莱纳州已有约200所学校能提供单性别教育选择，另有大概200所学校正排队等候加入这个试验。在南卡罗利纳的格林威勒，2008年，泰勒（Taylors）小学校长奥弗曼（Vaughan Overman）发起的单性别教育试验，得到了老师们的接受，也受到大多数家长们的欢迎，最明显的效果就是违反纪律的学生数量的回落。儿科医生萨克斯（Leonard Sax）博士在他的著作《性别重要为什么》一书中，为教育者提供了男女儿童不同学习方式的细节，从老师说话声音的强度（女孩喜欢较温柔的声音）到教室的温度（男孩喜欢更凉爽）。萨克斯的其他发现还包括：

女孩的听觉更敏感，使11岁女孩分心的噪声水平大约比同龄男孩的弱10倍；

男孩和女孩技能发展的时期不同，女孩的大脑语言区域的发展优于用于处理空间关系和几何关系的大脑区域，而对男孩来说是刚好相反；

情感的连接不同，女孩的大脑语言区域同样也是处理情感的区域，所以，大多数女孩都很容易谈论她们的情感，对男孩来说是相反的；

脑部结构不同的明显结论是男孩和女孩会从单性别教室中获益。例如，把阅读技巧的训练强加给男孩，就会使他们对阅读产生一些恐惧感。因此，你会发现六年级的男孩只会阅读一些游戏规则，除此之外很难去阅读。以同样的速度教授男孩和女孩同样的材料会产生不同的效果。

进入泰勒小学的教室，会感受到萨克斯的理论正在得到执行：女孩们的教室都有充足的灯光，她们把桌子摆成会议室的样式，大家面对面地坐着，女孩在教室里通常都有自己的小房间，课堂练习时女孩们以小组的形式合作完成。而在男孩的教室里灯光稍显暗淡，独有的灯光也是从楼道过来的。桌子是以前后排的样式摆放的，这样就可以避免相互对视，教学练习被设计成具有操作性和移动性的类似体育活动的方式来进行。

另一位单性别教育理论的支持者、《男孩女孩学习大不同》一书的作者米歇尔·古瑞安（Michael Gurian）写道，核磁共振成像技术（MRI）让我们能够深入男孩和女孩的大脑，在那里我们能找到影响人类学习的结构和功能的不同。其他方面还包括：

女孩的高级写作技能也许来自她们强烈的神经连接，这能使她们有更细致的记忆存储，更高级的听力技能，更好的辨别声调的能力；

男孩的判断物体运动的高级能力产生于他们拥有更广泛的大脑皮层区域，这些区域专用于空间、机械功能。相反，女孩却将这些区域用于处理言语和情感功能；

女孩没有男孩那么容易冲动，因为她们的大脑皮层比男孩在更早的年龄就成熟了。在血液和大脑中的高血清素（serotonin）水平也使得女孩不易冲动；

男孩在课堂上容易走神，因为他们的大脑自我更新、修正和定向的功能更强大，也就是更容易进入了神经学家所说的"休息状态"。

古瑞安写道，生理上的不同导致了女孩拥有更高级的言语能力，女性的大脑迫使自己趋向于目标物，可顺利完成涉及复杂结构、基调和精神活动的读写。

这两位单性别教育理论的支持者们的观点是正确的，但仍有许多著名的神经学家认为以大脑为基础的学习的差异是偏离了原目标的。罗莎琳·富兰克林大学芝加哥医学院的神经科学副教授丽莎·艾利奥特（Lise Eliot）在《今日美国》中写到："虽然在感觉、运动、认知和情感的技巧上并不存在明显的性别差异，性别总是被用来解释总差别的 1% 到 5%。这意味着在一群女孩或男孩中这些能力的分布范围比在异性之间更广。我们还有一些学者认为应该把男孩和女孩分开来教育，因为他们的听觉或视觉能力、五羟色胺或催产素水平、胼胝体或颞平面大小都有所差别。"

我们在此不去对神经科学的辩论进行权衡了。但是从来自世界各国的报告中，我们看到，在已经进行过单性别教育实验尝试的国家或地区，结果都是令人满意的。例如，2009 年一份英国研究报告宣称，通过对单性班级中学生大范围研究的结果，发现当班上没有女孩时，男孩英语学得更好，而女孩在单一性别班上数学和科学学得更好。

（2）新墨西哥州 P 学校的故事。在美国新墨西哥州北部高原上，有一座不起眼的 Pojoaque 小镇，用当地的语言来说，Pojoaque 的意思是"喝水的地方"，因为小镇被一个干涸了多年的河床环绕着。Pojoaque 学校也是美国最普通的一所公立中学。这个学校五年级的教室里，保罗·奥蒂兹（Paul Ortiz）

正在进行一项教育试验：这是一个专门为男生设立的数学和阅读班级。奥蒂兹老师完全清楚男孩是个麻烦。一年以前，他的班里有 12 个男孩，其中一半被看成是特殊学生，需要接受特殊教育，学校其他班级以及当地的其他学校的情况也好不到哪里。学校大部分男孩都是特殊学生，人数是女生的 5 倍。在国家测试中，新墨西哥公立学校系统中，男生在阅读和写作测验中的平均成绩落后于女性 10%～18%，60% 的女生高中毕业，而男生只有 53.5%，留级生中 60% 是男生。奥蒂兹进行了深入的调查和相关咨询后发现，在公立学校实行单性别教育是合法的。最终，他实行了他的单性别教育试验。

奥蒂兹的试验在当地产生了很大的影响，他不得不回应电视节目关于此问题的趣闻播报，还要面对并回应媒体的报道。这还不是最难应付的，更难的是他所在的学校各部门、州教育部门以及国家教育机构都无法帮他解决在试验中所遇到的困难和干扰。所有这些事情都留给他一个人去解决。"是的，完全是我自己，"奥蒂兹平静地说。"有时候挺恐慌的。"但是到了 2009 年，在他的单性别班级里，所有的男生的成绩都超过了学校的平均水平。

（3）纽约贝德福德-文生特许学校。这所特许学校是纽约最有名的极度贫困学校，这所学校主要是为低收入家庭的学生能从职业学校毕业做准备的。在 2007 年这所特殊学校开办第三年时，贾巴里·萨维基（Jabali Sawicki）校长说："我们相信竞争对男孩能产生有效的触动作用，……学生不得不学会如何与对手竞争。努力使自己做到最好将会是一个动力，努力达到成功的动力。这是我们倡导竞争的原因。竞争结束之后，我们谈论有关家庭和社会的责任，我们讨论如何成为一个团队。"

竞争也在教室中得到提倡，但是仅仅作为一个自我促进因素。"在数学课上，老师对布置的练习规定时间，例如乘法口诀。他们之间会彼此竞争。"萨维基校长说。"每周在学校大会上我们都会分发一枝彩色的树枝，它标志着学生在这一个星期里所获得的荣耀。为了得到这个荣誉，学生们在教室里竞争，对其他同学表示尊重并且互帮互助。这是他们铭记和为之努力的目标。"

男孩们每分钟都被老师监督着，包括休息的时间。萨维基校长说。"当你去许多传统的地区学校，休息的时候是男孩们暴露真相的时候，休息完之后老师不得不花 40 分钟的时间去清理休息时发生的一切。"这种情况在这所学校里是看不到的。

（4）英国科茨沃尔德学校的故事。这是一所男女同校的中学，位于英国莱斯特郡的一个乡镇上。这所学校在过去的三年里，一直在进行着一项实验：男女学生分开上英语课，但是其他课程仍然像以往一样合在一起上。我们早已知道，语言能力和表达能力是男孩的弱点，这是因为男孩的大脑结构很难把右半球捕捉到的感受通过左半球表达出来。因此，要让男孩能够达到像女孩那样掌握一种书面语言、或者口头自由表达自己的观点、并从中获得语言的快乐的话，他们就需要特别的帮助。对男孩进行这样的帮助，并不违背学校教育公平的原则。

科茨沃尔德学校的做法是，随着这种单一性别授课模式的进行，老师需要相应调整教学的内容，以使学生更感兴趣，也就是说，学校和老师会按照男女儿童各自的兴趣来设置课堂的内容，并不像以前习惯的那样总是努力想找出一条男女都适合的中间道路让他们走。

男生英语课的班级人数一般不超过 20 人，比上其他课的时候人数少，这主要考虑到老师需要用不断强化以及精讲精练的方式教学，有的时候还要结合男孩们爱操作的特点，所以必须控制班级人数的规模。

实验班取得了不错的结果，从参加英国 14 岁英语测试的结果来看，全国平均成绩是：9％的男生成绩在 A～C 之间，而在科茨沃德中学，经过两年的分性别学习后，34％的男生成绩在 A～C 之间。现在这个学校里，取得高分的男孩数量是以前的 4 倍。而另一个更令人激动的结果是，女孩的成绩也有了很大的提高，成绩在 A～C 之间的女生人数由以前的 46％增加到现在的 75％。虽然男孩的成绩还是远远没有女孩好，但我们注意到差距正在缩小。

《泰晤士报》就这所学校的分性别教学试验采访了校长考克斯女士。她认为："分性别教学带给孩子们的并不仅仅是提高了的英语成绩，他们的行为方式、注意力和阅读力都有了很大的提高。我相信，如果在他们 14 岁之前，在他们还没有因为迷恋上网、看电视而放弃学习之前，就采取这种教学模式，成功的概率会更高。"考克斯女士在解释为什么这种做法能够产生这么明显的效果时认为，当没有女孩在场的时候，男孩们更放松，从而会更好地表达自己的观点，不用担心因为语法不当或用词错误而遭到女孩们的嘲笑，反之，女孩也有同感，男女儿童都受益匪浅。在实行了英语课的分性别教学后，很多参观者或家长都发现，那些平时调皮捣蛋的男孩，大都能够专心致志地去阅读了，很多人从阅读中体验到了快乐。我们知道，热爱读书并掌握阅读的策略，对于一个人以后的生活和事业是多么重要，语言交流和说理的能力将直接影响孩子的人生。他是不是一个好的工作伙伴，是不是一个好伴侣、好父亲，以及他能不能及时调整心态、避免孤独，都取决于运用语言的能力。

（5）澳大利亚蓝山学校的故事。

澳大利亚以政府资助的方式对解决男孩落后与失败的问题进行了努力。将男孩教育问题列为国家级行动计划，澳大利亚政府在这方面走在世界的前列。近些年，澳大利亚社会和政府采取了一系列行动。2002 年，澳大利亚联邦议会教育与培训委员会发布了一份名为《男孩：正确地成长》（Boys：Getting It Right）的报告，用大量数据证实，男孩在学业成绩和更广泛的社会指标中的表现都不尽如人意。报告呼吁应提高对男孩教育的关注。2003 年，联邦政府实施了"男孩教育示范学校"项目（Boys'Education Lighthouse Schools Program），第一期拨款 350 万澳元，资助全国 230 所中小学校尝试在男孩教育方面的改革。2006 年，澳大利亚政府的"男孩成功计划"中包括给每个教师平均出资 12 000 美元，让 800 所学校的教师接受培训以使他们的教学风格适应更多的孩子，尤其是男孩。2007 年，另外 800 所学校也得到此项拨款，大部分款项到达了那些急需的学校。所有学校都接受了政府资助的、为帮助男孩而特设的培训课程和教学指导，并定期收到政府发放的像书一样厚的指导男孩提高读写能力的手册。

蓝山学校是获得拨款的学校之一。在 2003 年，特雷弗·巴尔曼（Trevor Barman）被聘任为校长的时候，用蓝山学校自己的 12 岁小学毕业水平的"基准测试"数据统计，测试结果令人惊奇，有 75％的女孩达到要求，而男孩只有 30％。当他把这个结果报告给教师们时，谁都不敢相信这个结果。

巴尔曼校长决定为有某种能力欠缺的学生设计一种特殊的课程。他说："这个课程针对那种在中学前两年需要特殊帮助的学生，当他们在 9 岁的时候，他们可以回归到正常的课堂，并且到那时候需要的帮助较少了，……在这个计划开始时，我们测试了将要参加实验的学生的理解和拼写方面的能力，然后他们参加实验，再测试他们。结果显示所有的学生都有了进步，有些学生甚至显示出像经过了 4 年的学习似的。"

在蓝山学校，巴尔曼已经建立了能够追踪每个学生进步的软件系统。这个系统也使巴尔曼得以评价或改进他的改革方案。"每年我们都在不断进步，越做越好。在三年时间里，我们已经使获得试卷总分 90％甚至更高分数的学生人数增长为原来的两倍。优秀学生的比例由过去的 17％增长到了 30％。"蓝山学校的这一成果主要靠的是把男生从中等生推到优等生的行列中。"以前男生里几乎没有优等生。他们那时只是中等生而已。"

蓝山学校以男生为培养目标的做法不断取得成效：到 2007 年底，毕业班男生中有 68％达到了学校的学业基准线的要求，而 2002 年这个比例仅为 31％（这一基准线是参照一定水平设定的，为的是使毕业生达到参加名牌大学的残酷选拔的资格）。这就使得男生在学业能力方面大体上与女生持平了。

一个以男孩为主体的学校或课堂，它所设计出的课程与活动也必须都是以男孩为中心的，这无疑将使男孩的学习环境更有效率。当然，我们并不是说一定要成立一所男校，如果教育者有心，一样也能创造出相似的环境来，很多普通学校的老师和校长也告诉过我们许多成功的故事。比如在我们对农村学校的调查中，有的老师告诉我们，如果她发现哪个男生坐不住了，她会请这个男孩出趟"公差"——去办公室帮自己办一些事情，或者让那些明显好动的男生坐到自己的眼皮底下以便经常监督着他。经常跟男孩子沟通，让他觉得自己被尊重、被爱、被期待，这些看来调皮捣蛋的男孩也会对你服服帖帖……不能轻易地说某个男孩是"差的"、"坏的"，他们只是更野性，学校必须提供给男孩比女孩更多的监督、引导和训练。

　　只有采取国家级措施来探究男生问题，才有可能把教育者、立法者、智囊人士以及商业领袖引入正轨。如澳大利亚所做的那样。任何旨在促进国际竞争力的策略，如果忽略了男孩的问题都将是惘然的。正如著名的男孩问题研究者、美国阿拉斯加大学教授朱迪思·克廉费尔所说的那样，我们等待解决男孩问题的时间越长，我们面临的困难就越大。"国家需要在男孩认为学校是女孩的领地而不是男孩的、认为他们并不关心并且自动放弃竞争之前立即处理性别差距问题。现在的状况是紧急的。现在，人们在解释性别差距时都会说男生懒惰和不成熟是造成困境的原因。这样的认知的危险在于，男孩们会将这种消极的成见内在化，从而变为自我实现的预言。国家还有机会来阻止这种事情的发生以及很多年轻人才的流失，但是我们现在就必须行动起来。"

后　记

本书的部分数据来源于河北师范大学 2010 年派驻全省多所学校的顶岗实习分队在当地学校所做的调查，特在此对以下这些学校的顶岗实习学生、学校领导与教师表示感谢：

承德县安匠中学，承德县六沟镇中学，承德县上谷中学，承德县头沟咏曼中学；霸州第五小学，霸州八中，霸州十四中，霸州十九中学，霸州二十中学；康保镇中学，康保四中，康保职教中心学校；张北县一中，张北镇中学，张北县职业教育中心，临城县中学，滦平二中，滦平三中，南宫高村中学，南宫四中，南宫段芦头中学，宁晋三中，宁晋培智中学，衡水官亭中学，饶阳合方中学，饶阳中学，饶阳二中，饶阳尹村中学，饶阳荀各庄中学，威县中学，威县实验中学，威县高公庄中学，威县二中，威县张庄中学，青龙三星口中学，南善中学，新城中学，馆陶中学，邯郸十七中，卢龙县刘田庄中学，卢龙县木井中学，卢龙县潘庄镇中学，平山岗南中学，平山外国语中学，平山三汲中学，河口县一中，河口县二中，大名县埝头中学，藁城二中，藁城七中，藁城九门回族乡中学，沙河三中，沙河十里亭中学，沙河白塔二中，留村中学，新城中学，顺平大悲中学，顺平神南中学，顺平高于铺一中，清苑臧村中学，臧村二中，常屯中学，清河二中，清河油坊中学，临漳倪辛庄中学，大名少林弟子武术学校，邢台新河县振堂中学，新河寻寨中学以及元氏县实习分队。

在此基础上，河北师范大学教育学院的王宏方老师又进行深入的分析和整合，最后形成了这些文字。

也许中小学里学习不是那么优秀的男同学，在学校期间总会有来自多方面的压力，作为中小学时代这些同学中的一员，深深为这些问题所吸引。各地的同学们也都在自己实习的学校里有针对性地对这一问题进行了调查的思考，争取能为这一问题的解决有一定有助益。当然解决这一问题的基础之一是男儿当自强！